図解
屋内配線図の設計と製作

佐藤一郎 / 本間 勉 / 黒澤 浩　著

日本工業出版

まえがき

　家庭では多くの電化製品が使用されている．エアコンなどの冷暖房機器をはじめIHクッキングヒータ，オーブン，電子レンジなどの調理用機器や，また，食器洗い機，洗濯機，衣類乾燥機などの家庭用電化製品は大型化され大容量となっている．

　一方，弱電回路で使用する電話機，ドアホン，インターホンなどや，TVでは地上デジタル放送や衛星放送などの普及が急速に進んでいる．したがって，TVでは地上デジタル放送や衛星放送などに対応するアンテナなどの受信回路の設置，また，電話回路ではボタン電話機を使用した電話回路やLAN回路などの配線が行われている．屋内配線を設計する際，このように大きく変化している家庭用電化製品の性能を十分に発揮して使用できるような配線を行わなければならない．

　家を新築したり，また，増改築する場合には配線設計を行い，配線設計に従って屋内電気配線図を作成する．次に，これら屋内電気配線図の内容を建築図面に記入して，所管の電力会社に申請するための電気配線図を作らなければならない．そこで，本書では初めて屋内電気配線の図面の作成や配線設計を行う際の手順や注意すべき事項について，図解により基礎から順を追ってやさしく解説を行っている．

　また，弱電回路についても回路に使用する器具や配線用電線および配線用図記号について，基礎から施工に当たっての注意すべき事項について述べてある．特に，屋内電気配線では家庭用電化製品を有効に使用できるように，スイッチやコンセントなどの位置の決め方について述べてある．また，屋内電気配線については施工主が決まっている場合には，施工主と十分な打ち合わせを行ってから設計に入るべきである．

　施工主が決まっていない場合には，本書で述べたように部屋の大きさ，使用目的，部屋数などを考慮してコンセントの数や容量および照明器具の配置や，スイッチの配置などを行う．先にも述べたように多様化，大容量化している家電製品に対しても十分対応できるように使用する電気器具の容量や数には注意する．また，使用すると予想される弱電回路の電気器具に対しても使い勝手に対して十分に対応できるように弱電用電気器具の配置を行う．

　屋内配線の配線設計や電気配線図を作成するには多くの手順がある．そこで本書では，これから屋内配線の配線設計や電気配線図を書こうとする方に，配線設計を行っていく手順や，電気配線図では電気器具の配置や配線を行っていく手順について，実際の建築図面を例にとり順を追って解説してある．したがって，本書で示した手順により作業を進めて行けば，設計間違いや配線忘れなどがなくなり正確で，かつ早く作業を進めることが可能となるであろう．

配線設計や電気配線図の作成に慣れてくると，各人の得意とする手法により作業を進めていけばよい．しかし，基本的な作業手順は大切であると思われるため，最初は本書で示した手順に従って作業を進めていくことにより，見落としや勘違いなどによる重大な事故を防ぐことも可能であると思う．

　本書の執筆に当たっては日本工業規格（JIS），電気設備技術基準，内線規程（JEAC）等の規格や資料を参考にさせて頂いた．また，関係方面から写真などの資料を提供して頂いた．また，本書の刊行に際しては編集，校正にご尽力頂いた（株）日本理工出版会の方々に感謝する次第である．

2009 年 6 月 1 日　　　　　　　　　　　　　　　　　　著者らしるす

※本書は、2022 年 7 月の㈱日本理工出版会解散に伴い、発行元は日本工業出版㈱になりました。

目　　次

第 1 章　製図用器具

第 2 章　屋内配線に使用する配線用図記号

第3章　建築図面

第4章　屋内配線図の書き方

第5章　屋内配線の配線設計

第6章　単線配線図を複線配線図に直す

第7章　弱電流回路

第 8 章　申請図面の書き方

第1章
製図用器具

配線設計図面を描くには製図用具が必要である．製図用具を用いて描かれる設計図面は線と文字と記号とが組み合わされて構成されている．第1章では図面を描くのに必要と思われる製図用器具や材料について述べる．

1.1 図面と製図

いろいろな製品を作る場合，使用する材質を定め，その製品を組み立てるための部品の形や寸法を詳細に表したものが図面であり，この図面を描くことを製図という．図面は設計者の意図が誰にでも同じように理解できるように，わかりやすい表現で行い，利用しやすいように描く必要がある．また，これらの図面は保存しやすいことが望ましい．

屋内配線設計を行う場合に必要な図面には次のようなものがある．

1. 建築図面
2. 建築平面図
3. 建物配置図
4. 現場案内図
5. 分電盤接続図
6. 幹線と幹線系統図
7. 施工図（工事用図面）

製図を行う場合には，JIS（日本工業規格）により，線の種類や配線用図記号などの描き方については詳細な部分まで定められているため注意する．疑問点が生じた場合には，電気設備技術基準，内線規程，JISやその解説等で調べて確かめる必要がある．

1.2 製図道具の種類とその使い方

手書きで図面を作成するためには次に示すような道具を使用する．

1. 筆記具
2. 芯研器
3. 字消し用具
4. 定規
5. 製図器
6. 製図板
7. 製図機械
8. 製図用紙
9. 製図用テープ
10. 製図用ブラシ
11. レタリングセット（英字や数字を記入する）

1.2.1 筆記具

製図用に使用する筆記具は図面の用途により多少異なるが，次に示すようなものがある．また，筆記具は取り扱いが簡単で，描きやすいものがよい．

（1）鉛　筆

　鉛筆により作図する場合は，紙面への密着性が良いように，粒子の細かい上質のものを使用することで磨耗も少なく，また，描きやすい．鉛筆の芯の硬さは JIS により，6 B 〜 B，HB，F，H〜9 H までの 17 種類に分類されている．製図に使用する鉛筆は HB，F，H を用い，製図用紙の紙質や線の種類によって使い分けるのが一般的である．H，2 H と H の数が多いほど芯は硬く，B の数が多いほど柔らかく色が濃い．F は HB と H の中間の硬さと覚えておくと鉛筆の選別がしやすい．

（a）　文字や記号や矢印を描く場合の鉛筆は B，HB，F を使用し，芯の削り方は**図 1.1**（a）に示すように円錐形にする．

（b）線を引く場合の鉛筆は F，H を使用し，芯の削り方は図 1.1（b）に示すように平形に削ることにより一様な太さに描くことができる．

（c）鉛筆の削り方はナイフや手動・自動の鉛筆削り器を用いる．また，鉛筆の芯だけを削るには，紙やすりや図 1.1（c）に示すような芯研器を用いる．

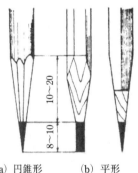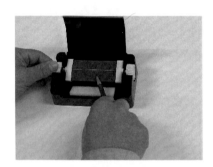

　　　（a）円錐形　　　（b）平形　　　　　　　　（c）芯研器

図 1.1　芯の削り方一例

（2）図面を鉛筆で描く場合の順序と線の引き方

　図面は線と文字と記号から描かれているが，設計者の意図も表現されている．時には青写真とした場合でも品物の形状や各部品との関係が明確に読み取れるように，はっきり書かなければならない．鉛筆を定規に当てて線を引く場合は鉛筆の芯を定規に密着させて線を引く．

（3）製図用シャープペンシル

　製図用シャープペンシルは線を描いたり，文字を書くためにシャープペンシルが特化したものである．

（4）芯ホルダ

　芯ホルダに鉛筆の芯を入れ鉛筆として使用する．芯の研究が進み芯の強度の向上によって 0.2 mm と細いものまで実用化されている．

　丸芯ホルダは筒状の軸の先端に鉛筆芯をくわえるための 3 枚のチャック（爪）があり，芯

ホルダに鉛筆芯と同様の芯を入れ使用する.

（5）製図ペン

　筆記具のペン先は人によって筆圧が違うため変化するが，図面を書くために作られた製図ペンは筆圧に関係なく，均一な太さの幅の線を描くことができる.

　世界的な筆記具メーカのロットリング社により，1953 年，「ラピッドグラフ」がプロ用の製図ペンとして開発された．現在の製図ペンはカートリッジインク式の「ラピッドグラフ」とインク注入式の「イソグラフ」とがある．製図ペン全般をロットリングと呼んだり，また細い線を描けるのでミリペンとも呼ぶ場合もある.

■1.2.2　字消し道具

（1）字消し板

　図面の一部分を消すために用いる薄い板で，ステンレスでできているものが多い．**図 1.2** に示すように各種の形状の穴が空いているので，消したい部分を穴に当て，穴の上から消しゴムで消す.

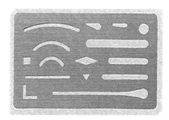

図 1.2　字消し板

（2）消しゴム

　鉛筆書きした図面の描き誤りを消すには**図 1..3**（a）に示す軟質の上質ゴムを用い，また，墨描きには図 1.3（b）に示す硬質の上質砂ゴムを用いる.

（3）電動字消し器

　電動字消し器には充電式と電池式とがある．充電式は充電中も使用できるものもある．図 1.3（c）に示す電動字消し器の先端に消しゴムを取り付け使用する．電動字消し器は訂正箇所を能率良く消すことができるので便利である.

（a）製図用消しゴム　　　（b）インク・ボールペン用字消し　　　　　（c）電動字消し器

図 1.3　消しゴム

■1.2.3　定規類

（1）T定規

　T定規は**図 1.4** に示すように T の形に固定されている定規である．製図板の左縁に頭部を引っ掛け，滑らすことで水平線を引いたり，三角定規の案内として垂直線や斜線を引くのに使う.

図 1.4　Ｔ定規

　現在では，Ｔ定規の機能が付いているドラフタが主に製図で使用されているため，使われることは少なくなっている．

(2)　三角定規

　三角定規は**図 1.5**（a）に示すように三角形をした定規で，2枚を一組として作られている．1枚は45°90°45°の三角定規ともう一枚は30°60°90°の三角定規で材質はアクリルが多い．三角定規一組とＴ定規を使用すれば図1.5（b）に示すように，15°ごとの斜線を描くことができる．

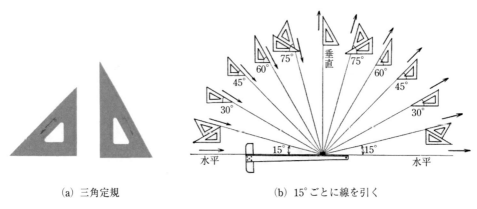

（a）三角定規　　　　　　　　　　（b）15°ごとに線を引く

図 1.5　定規の使い方

　製図板とＴ定規で水平に線を引く場合は，Ｔ定規の頭部を製図板の縁に左手で確実に当て，Ｔ定規の上縁に沿って左から右へ引く．垂直線はＴ定規に合わせた三角定規で下から上へ引き，右上へ傾斜している場合は左下から右上へ，左上から右下に傾斜している場合は左上から右下に引くようにする．

(3)　雲形定規

　雲形定規は**図 1.6**に示すように，雲のような形をしている定規でコンパスで描くことのできない曲線を描くのに用いる定規で様々な曲線からなっている．木製やアクリル製があるが，アクリル製が多い．

(a) 木製の雲形定規

(b) アクリル製雲形定規

図 1.6 アクリル製雲形定規の種類

（4）自在定規

　任意の曲線を書きたいときに用いる定規で，自在に折り曲げることができる．自在定規は点と点とを結ぶ曲線を書く場合，ふくらみ具合を見ながら書く．テンプレートでは面倒な場合やグラフ上にプロットしたドットの傾向を表す曲線を書く場合などにも使用されている．自在定規は**図 1.7**に示すように，目盛りなしと目盛り付きがあり，30 〜 40 cm 程度のものが使いやすい．

図 1.7　自在定規

（5）三角スケール

　図 1.8 に示すような三角スケールは，主に製図に用いられる縮尺定規で断面形状が三角形をしていることから三角スケールと呼ばれている．三角定規とは別の道具であり，三つの面の両側に計 6 種類の縮尺（1/100，1/200，1/300，1/400，1/500，1/600）の目盛りが刻まれている．必要な縮尺に合わせて使用面を選び，寸法を測って図面を描いたり，描かれた図面から寸法を読み取るための道具である．

図 1.8　三角スケール

（6）定　規

　定規（スケール）は，長さや寸法を測るための目盛りが付いた定規でアクリル製と金属製がある．長さは 30 cm や 45 cm 程度のものがよく使用されている．

■1.2.4　分度器とテンプレート

（1）分度器

　分度器は半円状のアクリルに角度目盛が刻んである．角度を測定するのに用いる．

（2）テンプレート

　テンプレートは図記号，文字，図形が彫ってあり，鉛筆や製図ペンを用いて図記号や文字，図形を正しく多く描くときに便利である．テンプレートには**図 1.9** に示すように多くの種類のテンプレートがある．特に屋内配線図を描くには，円形テンプレートや電気用テンプレートを用いると便利である．

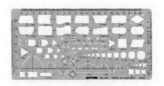
(a) 電気・電子プレート

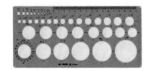
(b) 円プレート

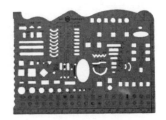
(c) 電気工事用プレート

図 1.9　テンプレートの種類

■1.2.5　製図器

　製図器にはコンパスや，ディバイダ，製図用シャープペンシルなどがある．製図用シャープペンシルは芯の太さが 0.3 mm，0.5 mm，0.7 mm 用のものがあり，これらは必要なもので細い線には 0.3 mm，または 0.5 mm を使用し，0.7 mm は太い線に使用する．また，0.5 mm は寸法線など文字を書くときに使用する．

(1)　コンパス

　円または円弧を描くために用いる器具で大きさに応じて使用する．大コンパス，中コンパス，スプリング，ビームコンパスがある．大コンパスは半径 50 ～ 150 mm 程度の円を描く．中コンパスは一般に使用されているもので，5 ～ 70 mm 程度の円に用いる．スプリングコンパスは 15 mm 以下の小さな円や円弧を描くのに用いる．スプリングコンパスは脚がバネになっていて，ネジ車を回して脚の間隔を調整できる．

(2)　ディバイダ

　ディバイダは一定の長さの直線や円周を等分割したり，等間隔の寸法を写し取るときなどに使用される器具である．自在な角度に開閉できる二本の脚を持ち，その両端が針になっている．微調整ネジ付きのものが使いやすい．

■1.2.6　製図板

　図面を描くとき製図用紙を貼る台を製図板という．**図 1.10** に示すように T 定規と組み合わせて使用する．大きさは 450 × 600，750 × 1050，900 × 1200 mm のものが市販されている．材質は桂や杉が多いが，製図用機械（ドラフタ）や CAD の出現で，ほとんど，製図板だけでの使用は少なくなっている．

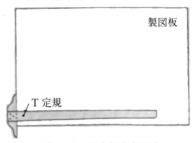

図 1.10　T 定規と製図板

■1.2.7　製図用機械（ドラフタ）

　図 1.11 に示すように製図板上に，T 定規，三角定規，スケール，分度器などの製図機能を備えたもので，製図作業を能率的に行うために使用される．水平スケールと垂直スケール

が取り付けられており，水平線，垂直線を引くことができる．斜線を引く場合は，インデックスレバーを使用することにより，スケールが自由に回り1°単位に角度を変えて斜線を引くことができる．また，製図機械のハンドル部のバーニヤダイヤルを利用すると1°より細かい角度で，1°の1/12 = 5′（分）単位までの値を正確に設定することや読み取ることができる．

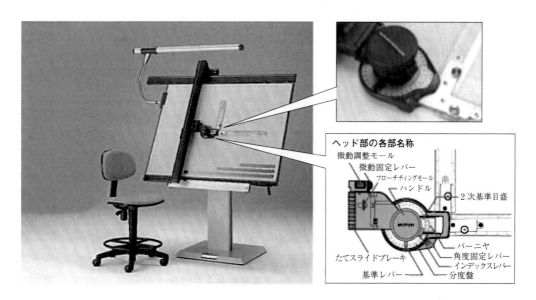

図 1.11　製図用機械（ドラフタ）

1.3　製図用紙

（1）製図用紙の種類

製図用紙には，一般に方眼紙，ケント紙，トレース紙（無地・方眼）などが使用される．配線図などに使用する用紙には方眼が印刷されたトレース紙が使用される場合もある．

ケント紙は画用紙の種類の中で，一番硬く，表面が平らで滑らかで，紙に強度がある．したがって製図用やデザイン用紙によく使われている．良いケント紙とは次のようなものである．

（a）　表面が強く，鉛筆やインク，絵具がにじまず乗りが良い．

（b）　消しゴムをかけても毛羽立たない．

（c）　インクや絵具の発色が良い．

（d）　製図ペンなどを使用したとききれいに線が書ける．

トレーシングペーパは湿度の影響を受けやすい紙なので直射日光を避けて保管する．プリンタ用トレーシングペーパではベタと呼ばれる全面印刷で出力した場合は乾燥時間が長くなり，カール，伸縮するので注意が必要である．

(2)　製図用紙の表裏

　製図用紙には裏と表がある．紙を漉^すく時に，すき網に当たる側が裏になる．裏面には規則的に並んだ窪^{くぼ}みや，皺^{しわ}があるので，手触りや見た目で見分けることができる．しかし，見分けることが紙によっては難しい場合がある．だが，ケント紙などではメーカの印が透かしや刻印で記されている場合がある．この場合には，文字が正しく読める側が表となる．

(3)　ドラフティングテープ（仮止め用紙テープ）

　ドラフティングテープは低粘着性で，原稿や台紙を傷めずきれいにはがせ，糊^{のり}も残らないものがよい．用紙の万一のズレを避けるためにもあると便利である．低粘着剤を使用しているものは，はがすときに用紙を傷めたり，粘着剤が残ることがない．

　最近ではマグネット製図板の出現で，ドラフティングテープを必要としないマグネットプレートも用いられている．

(4)　製図用ブラシ

　製図用ブラシは製図板の上の消しゴムのカスを払うために作られたもので，柔らかい毛が掃除したい面とよく密着し，きれいに掃除ができる．毛の部分は，柔らかい馬や山羊の毛が使用されている．また，羽根ぼうきも多く使用される．

1.4　揃えておきたい製図用器具

　設計・製図・写図をする場合には製図用具が必要である．技術が優秀であっても使用する製図用具が粗悪なものでは良い図面は描けない．電気工事業を営む人の多くは個人事業者が多く，高額な専用 CAD や CAD ソフトなどを準備することは難しい．特に，一般家庭の電気配線の図面や既存の電気設備の増設などの設計だけのために，高額な CAD を購入することは難しい．しかし，低価格で性能の良いパソコンの普及で，簡単なドローソフトが使用できるようになり，製図器の使用が少なくなったといわれている．

　製図器は手細工や工芸品などに使用されるものをイギリス式といい，機械加工により大量生産が可能な製図器をドイツ式と呼んでいる．現在，多く使用されている製図器はドイツ式といわれている．屋内配線図を描くために最低，揃えておきたい製図用器具には次に示すようなものがある．

(1)　製図器

　製図器セットの内容を**図 1.12** に示す．最低でも，大コンパス，中コンパス，スプリングコンパス，ディバイダは必要である．また，細い線，太い線，文字を書くために用いる製図用シャープペンシルは 0.3 mm，0.5 mm，0.7 mm が揃っているものが望ましい．また，ほとんどの製図器セットには字消し板，分度器が付属されている．

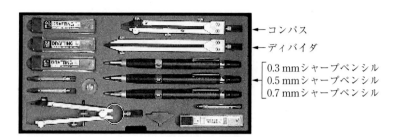

図 1.12　製図器

（2）製図板

　1950 年代以前，製図板と T 定規による手書き図面の時代から，70 年代には製図板，T 定規，三角定規，分度器などを揃えたドラフタセットにより図面が描かれるようになった．2000 年以降は低価格で高性能のコンピュータの出現により CAD による図面が描かれるようになり，製図板やドラフタなどはあまり使われなくなった．

　しかし，小規模工場などの配線設計図面や設備の増設図面などの図面によっては，CADによる図面作成よりも，手書き図面の方が早く描ける場合がある．このような場合には図1.11 に示したドラフタセットがあれば，便利である．

（3）テンプレート

　屋内配線設計図面の作成に当たっては，円のテンプレートと電気用テンプレートは必要である．

（4）製図用ブラシ

　柔らかい毛の製図用ブラシか羽根ぼうきは必要である．

第2章
屋内配線に使用する配線用図記号

建築図面に配線用図記号を記入する場合，建築図面が完成していなければならない．

建築図面は平面図，建物配置図，現場案内図等で構成されていることは第1章で述べた．住宅や鉄筋コンクリートビルの電気配線図においては，電灯・コンセントなどの電気配線図と電話・テレビ・インターホン等の弱電流設備の配線図が必要となる．また工場などの電気配線図においては，電灯配線や弱電流配線図の他に動力配線図が必要である．これらの配線を混同させないためには，電灯・コンセント配線図，弱電流配線図，動力配線図等に明確に区分しなければならない．

2.1 配線設計図面に使用する線

■ 2.1.1 線の種類

配線設計図面に使用する線は構成要素により JIS C 8312 に 15 種類の基本形が定められている．電気工事の配線図に使用する線形の種類は JIS C 0303 構内電気設備の配線用図記号では 5 種類に分類され，配線の種類が分かれている．図 2.1 に電気工事の配線設計に使用する線形の種類を示す．

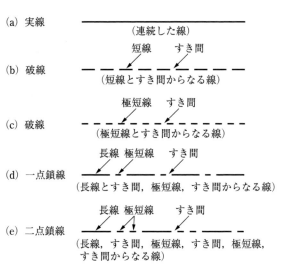

図 2.1 線形の種類（JIS Z 8312 より抜粋）

■ 2.1.2 太さの比率による線の種類

図面の作成に用いる線の太さの比率は**表 2.1** に示す 3 種類があり，JIS Z 8321 に示されている．太さの比率で細線・太線・極太線の区別があり，その比率はおよそ 1：2：4 と定め

られている．

表 2.1　線の太さの比率

線の太さの比率による種類	太さの比率
細線　――――――――――	1
太線　――――――――――	2
極太線　――――――――――	4

■ 2.1.3　線の太さの種類

　JIS で定められた種類の線の太さ d は，0.13 mm，0.18 mm，0.25 mm，0.35 mm，0.5 mm，0.7 mm，1 mm，1.4 mm，2 mm と規定されている．線の太さを一様にできる製図器具を用いた場合は線の太さのずれは ± 0.1d 以内とする．

　同一図面における線の太さの組合せを**表 2.2** に示すが，0.13 mm の線は，図面を複製・複写した場合，かすれたり，見にくくなることがあるため，なるべく使わないようにする．

表 2.2　同一図面の線の太さの組合せ
（単位：mm）

細線	太線	極太線
0.13	0.25	0.5
0.18	0.35	0.7
0.25	0.5	1
0.35	0.7	1.4

2.2　図記号の寸法と図面縮尺

■ 2.2.1　図記号について

　電気設備用配線図や施工図では配線用図記号を用いて図面が作成されているが，近年，CAD による作図化も急速に進んでいる．CAD 図面はきれいで，誰にでも理解ができ，統一された図記号で作図ができる．また，CAD データの受け渡しによって，大幅な省力化によるコスト削減が図れ，図面資料保管の省力化や検索時間の短縮ができるなどメリットがある．

　電気関係に関する図記号は 1956 年 8 月に JIS C 0303「屋内配線用シンボル」が制定された．1963 年 2 月，1968 年 12 月，1974 年 8 月に改正が行われ 1974 年 8 月の改正時に「シンボル」という名称が「図記号」と改められた．

　その後，新しい機器・器具の開発や建築基準法，消防法などの関係法規の改正に伴い，「屋内配線用図記号」も改正の必要が生じたことから，1984 年 1 月に改正された．その後，15 年間改正が行われていなかったため，2000 年 2 月に JIS C 0303「構内電気設備の配線用図記号」と名称を変更して改正された．この改正により図記号が統一され，図記号の不足しているものは追加され，紛らわしいものの変更，削除が行われ，機器・器具の名称が同じもので，図記号が異なるものの統一など，図記号が整理，規定された．

しかし，電気設備の配線用図記号や施工図に使用する配線用図記号が統一されただけでは，CAD データの受け渡し時にエラーが多く発生するため，配線用図記号寸法の統一が必要であった．そのため JIS C 0303 構内電気設備の配線用図記号で図面縮尺に対する図面寸法が規定されている．

■ 2.2.2　図面縮尺による図記号の寸法

　構内電気設備の配線用図記号，施工図などを記入する建築図面の図面縮尺は，1/50，1/100，1/200 が一般的で，寸法は，電気設備配線図，施工図などの図面縮尺に基づき，きれいで，理解しやすい図面となるようにする．また，配線用図記号には，丸形 ○ ●，正方形 □，長方形 ▭ に大きく分けられている．図面の縮尺による図記号の寸法を次に示す．

(1)　丸形の図記号寸法

　丸形 ○ の図記号としては電動機 Ⓜ，コンセント（一般型）⊖，内線電話機 Ⓣ などがある．図面縮尺に対する配線用図記号の直径の寸法を**図 2.2** に示す．

　丸形 ● の図記号として点滅器がある．図面縮尺に対する図記号の直径寸法を図 2.2 に示した．なお，二重丸を使用した図記号で照明器具の屋外灯 ⊗，電話・情報設備の複合アウトレット ◎ などの図記号寸法は，JIS の解説によれば図記号が強調される直径寸法を選ぶ．

単位 mm

図面縮尺	○形図記号の直径寸法	●形図記号の直径寸法 例：点滅器
1/200	2.3	1.2
1/100	3	1.5
1/50	4	2

図 2.2　図面縮尺に対する丸形の図記号の直径寸法

(2)　正方形の図記号寸法

　正方形の基本形で □ 内に英文字が一字の場合の図面縮尺に対する図記号寸法を**図 2.3** に示す．

　正方形の図記号としては，開閉器 Ⓢ，配線用遮断器 Ⓑ などがある．

(3)　長方形の図記号寸法

　長方形で ▭ 内に，英文字が二字の場合の図面縮尺に対する図記号寸法を**図 2.4** に示す．

単位 mm

図面縮尺	正方形図記号の寸法
1/200	2.3
1/100	3
1/50	4

図 2.3　図面縮尺に対する正方形の図記号寸法

　長方形の図記号としては，タイムスイッチ $\boxed{\text{TS}}$，ルームエアコン $\boxed{\text{RC}}$ などがある．

　なお，$\boxed{}$ 内の英文字が三字以上の場合および図記号が多数配列される場合は，横幅の寸法は，2 倍，2.5 倍，3 倍などと必要に応じて増やしてもよい．

　図面寸法は，図面縮尺に応じた図記号寸法を選定することが望ましい．

単位 mm

図面縮尺	長方形図記号の寸法	横幅の寸法
1/200	3.5　2.3	2.3×1.5 倍
1/100	4.5　3	3×1.5 倍
1/50	6　4	4×1.5 倍

図 2.4　図面縮尺に対する長方形の図記号寸法（英文字が二字の場合）

2.3　配線の種類と図記号

　配線を構造物の表面に沿って露出して施設するか，構造物の内部に隠ぺいして施設するか，または，構造物そのものの内部に埋め込んで施設するかが配線方法を選択する条件となり，配線の種類と図記号も異なる．また，その内部に隠ぺいする場合にも電気設備技術基準で区別されているように，点検できる隠ぺい場所か，または，点検できない隠ぺい場所かによって配線の材料や作業の工法が異なってくる．

■ 2.3.1　配線の種類と図記号

　住宅の電気設備配線図の配線記号は次の 3 種類に分類して使用する．

(1) 天井隠ぺい配線

　この実線の配線記号は建物の構造がどのような場合にも適用される．**図 2.5** に二重天井の構造を示す．スラブとは鉄筋コンクリート造における，上階住居と下階住居の間の構造床（コンクリートの板）のことである．この場合，天井の中に配線があるので天井隠ぺい配線となる．また，天井内にある隙間（ふところ）に配線するので，天井隠ぺい配線のうち天井ふところ配線を区別する場合には一点鎖線を用いてもよい．

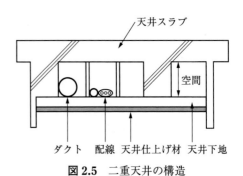

図 2.5　二重天井の構造

（2）床隠ぺい配線　　ー　ー　ー　ー　ー

　コンセント回路などは FL（フロアラインといい，床のラインをいう）から 300 mm が一般的高さである．したがって，床下から配線を引いたほうが配線の距離が短くてすむため，床隠ぺい配線などに使用されている．床面露出配線および二重床面配線の図記号は二点鎖線を用いてもよい．

（3）露出配線　　- - - - - - - -

　工場や倉庫などでは金属管や合成樹脂管による露出配線が多く使用されている．また，建物が完成後，電気配線の増設などを必要とした場合，建物の構造上，隠ぺい工事が不可能な場合などに使用される．

■ 2.3.2　配線図への電線条数の記入

　一般住宅では電気製品の増加に伴い，電気の需要が伸びた．そのため，配線の分岐回路が増加し，配線図も複雑になってきている．したがって，分岐回路ごとの電線の条数の記入は重要である．

　住宅の配線設計では，各回路の配線ごとに条数を明記することにより，配線のミスを少なくすることができる．また，配線工事を行う施工者に対してどのような回路でも電線の種類や条数を正しく伝えることができる．電線条数が 2 本，3 本，4 本，5 本，6 本…それより多い条数の記入を必要とする場合もある．電線条数が明確に認識でき，施工しやすいようにその記入方法を**表 2.3**に示す．電線条数の記入角度は斜線とし配線に対して直角に記入する方法は誤解をまねくため避けなければならない．

表 2.3　電線条数記入

電線条数	電線条数の表し方	備　　考
2 本		VVF ケーブルでは 2 芯 1 本
3 本		VVF ケーブルでは 3 芯 1 本
4 本	―――// or ―――	VVF ケーブルでは 2 芯 2 本 （電線 2 本と 2 本の間を離す）
5 本	――― or ―――	VVF ケーブルでは 2 芯 1 本，3 芯 1 本 （電線 2 本と 3 本の間を離す）
6 本	――― or ―――	VVF ケーブルでは 3 芯 2 本 （電線 3 本と 3 本の間を離す）
7 本	――― or ―――	VVF ケーブルでは 2 芯 2 本，3 芯 1 本
8 本	――― or ―――	VVF ケーブルでは 2 芯 1 本，3 芯 2 本
9 本	――― or ―――	VVF ケーブルでは 3 芯 3 本

　一般に配線図に記入する電線条数の角度は配線に対してそれぞれ 15°，30°，60°，75°の角度で記入するとよい．配線図は曲線の部分もあり，どの角度がよいかは一概にはいえないが，一般に**図 2.6** に示すように 60°または 75°で描くと図面が見やすい．

図 2.6　電線条数記入の角度

2.4　配線用図記号の書き方

■ 2.4.1　配線器具の取付け方向の表示

　配線図面に記入された照明器具の取付け方向を示す場合についての図記号を**図 2.7** に示す．

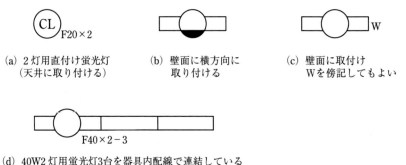

（a）2 灯用直付け蛍光灯　　　（b）壁面に横方向に　　　（c）壁面に取付け
　　（天井に取り付ける）　　　　　取り付ける　　　　　　　W を傍記してもよい

（d）40W2 灯用蛍光灯3台を器具内配線で連結している

図 2.7　器具の取付け方向と多灯式器具の連結表示

■ 2.4.2　埋込み器具の天井切込み寸法表示

　住宅やマンションなどに施設する照明器具のうち，使用する天井埋込み用の器具がわかっている場合，その埋込み寸法を図面に書き込んでおいてもよい．

　住宅や店舗，マンション等の天井ふところ（天井内の隙間）は，深くなく，梁や給排水用配管，冷暖房設備用のダクト等があり，埋込み器具の取付けが不可能になる箇所がある．どのような器具を使うのか早めに決定されていれば，トラブルを最小限に防げる．したがって，使用する器具を早く選定し，図面には切込み寸法，埋込み深さや寸法等を**図 2.8** に示すように表示しておくとよい．トイレや風呂場などに使用されている換気扇等についても同じである．

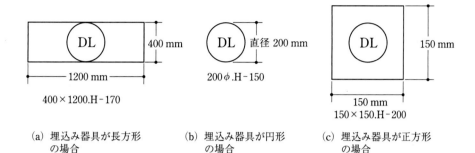

(a) 埋込み器具が長方形　　(b) 埋込み器具が円形　　(c) 埋込み器具が正方形
　　の場合　　　　　　　　　　の場合　　　　　　　　　　の場合

図 2.8 埋込み器具の切込み寸法長さ記入例

■ 2.4.3 器具の種類と図記号

(1) 受電点 〒

電力会社の DV 線（引込用ビニル絶縁電線）と需要家の Wh （電力量計）への引込線 SV ケーブル（VVR）を接続する責任分界点で，その図記号および引込みの外観を**図 2.9** に示す．

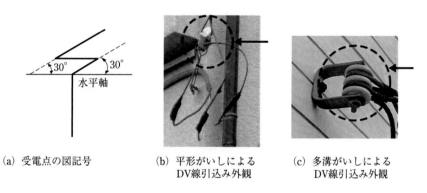

(a) 受電点の図記号　　　　(b) 平形がいしによる　　　(c) 多溝がいしによる
　　　　　　　　　　　　　　　DV 線引込み外観　　　　　　DV 線引込み外観

図 2.9 引込み図記号と外観

(2) 接地 ⏚

接地の記号は E で表し，**図 2.10** に示すように描く．必要に応じて，接地種別を A 種は E_A，B 種は E_B，C 種は E_C，D 種は E_D と傍記する．必要に応じ，接地極の目的，材料の種類，大きさ，接地抵抗値などを傍記する．図 2.10（c）は接地線の太さの表し方を示したものである．

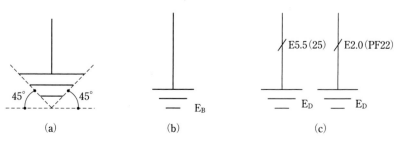

(a)　　　　　　　　　　　(b)　　　　　　　　　　　(c)

図 2.10 接地記号の描き方

（3）点滅器類　●　◆　（ワイド形）

　点滅器（スイッチ類）は JIS C 0303 丸形図記号寸法より，図面縮尺に対する図記号の直径寸法は図 2.2 に示したように 1/50 の図面では直径 2 mm，1/100 では 1.5 mm，1/200 では 1.2 mm と定められている．

　また，2 口用スイッチ，3 口用スイッチ，4 口用スイッチ，6 口用，9 口用スイッチの図記号と並べ方は**図 2.11** に示すように描く．

　電灯を個別に切ったり入れたりする場合にはそれぞれのスイッチにイ，ロ，ハ，ニ，等の文字を傍記する．これらの図記号を**図 2.12**（a）に示す．また，3 路スイッチ，4 路スイッチ，パイロットランプ付きは図 2.12（b）に示すように 3，4，L をスイッチの記号の右下に傍記する．図 2.12（c）（d）はスイッチの外観とスイッチ裏面の接続図を示す．**図 2.13**（a）（b）はスイッチとプレートの組合せである．図 2.13（c）はワイド形と一般形の片切スイッチにプレートを取り付けた工程である．ワイド形スイッチのほうが使用する材料が多い．

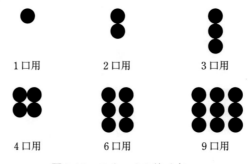

|1 口用|2 口用|3 口用|
|4 口用|6 口用|9 口用|

図 2.11　スイッチの並べ方

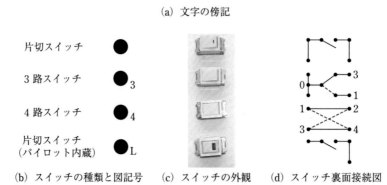

（a）文字の傍記

片切スイッチ

3 路スイッチ

4 路スイッチ

片切スイッチ
（パイロット内蔵）

（b）スイッチの種類と図記号　　（c）スイッチの外観　　（d）スイッチ裏面接続図

図 2.12　スイッチ記号と文字の傍記

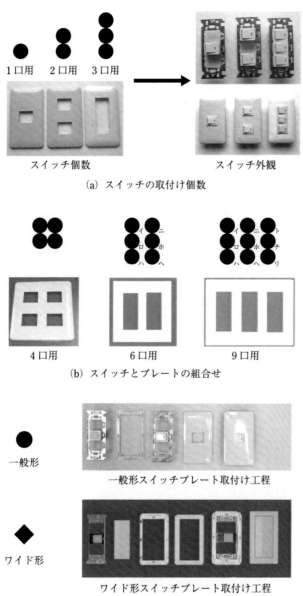

（a）スイッチの取付け個数

（b）スイッチとプレートの組合せ

一般形スイッチプレート取付け工程

ワイド形スイッチプレート取付け工程

（c）スイッチの一般形とワイド形

図 2.13　スイッチとプレートの組合せ

（4）VVF 用ジョイントボックス（平形ケーブル用）

　ジョイントボックスの円の直径は，図 2.2 に示したように JIS C 0303 図面縮尺に対する図記号の直径寸法に準ずる．1/50 の図面では直径を 4 mm，1/100 で 3 mm，1/200 で 2.3 mm である．図 2.14（a）に示すように中央の斜線は水平軸に対して 45°の角度で等間隔に引く．端子付ジョイントボックスの場合は，t を傍記する．また，図 2.14（b）に示したナイスハットと呼ばれるジョイントボックスは省力化が進むなかで，多く使われている．

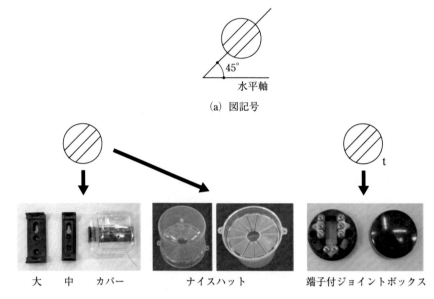

(a) 図記号

大 中 カバー ナイスハット 端子付ジョイントボックス

(b) ジョイントボックス外観

図 2.14 VVF 用ジョイントボックスの図記号と外観

(5) ペンダント ⊝

ペンダントの直径寸法も図 2.2 に示したように JIS C 0303（構内電気設備の配線図記号）に準じる．後で述べるシーリングライト，シャンデリア，チェーンペンダント，ダウンライト（埋込器具），丸型引掛けシーリング等の寸法も同様である．

(6) シーリングライト（天井直付灯）ⓒⓛ

シーリングライトの円の直径も JIS C 0303 丸形の記号寸法で図 2.2 に示した図面縮尺寸法に準ずる．シーリングライトとその図記号を**図 2.15** に示す．

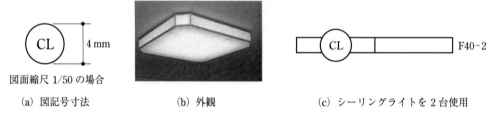

図面縮尺 1/50 の場合

(a) 図記号寸法 (b) 外観 (c) シーリングライトを 2 台使用

図 2.15 シーリングライトの図記号と外観

(7) ダウンライト（埋込器具）ⓓⓛ

ダウンライトとは，天井に埋め込むタイプの小型照明で下方を照らす器具をいう．ダウンライトの図記号は 1984 年の JIS C 0303 "屋内配線図記号" では ⓓⓛ や ◎ が使用されてい

た．◎ のダウンライト記号は電気記号のなかで難しい記号とされていたが，2000 年 2 月に JIS C 0303 "構内電気設備の配線用図記号"に名称が改正されて**図 2.16** に示すように ⒹⓁ に統一された．古い図面などでは ◎ の記号が多く出てくるので，旧記号も覚えておく必要がある．

(a) 図記号寸法 (b) ダウンライトの外観 (c) 天井に取り付けた状態

図 2.16 ダウンライトの図記号と外観

(8) シャンデリア（多灯式器具） ⒸⒽ

シャンデリア図記号の円の直径も JIS C 0303 で示された丸形の記号寸法で図 2.2 に示した図面縮尺寸法に準ずる．白熱灯，蛍光灯，サークライン等，そのランプの数を表す場合を**図2.17** に示す．

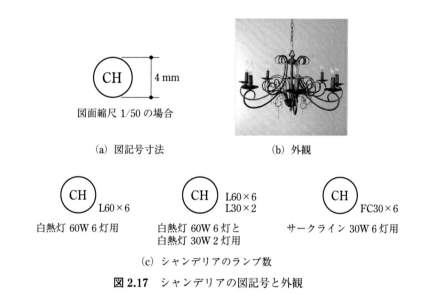

(a) 図記号寸法 (b) 外観

白熱灯 60W 6 灯用　　白熱灯 60W 6 灯と　　サークライン 30W 6 灯用
　　　　　　　　　　　白熱灯 30W 2 灯用

(c) シャンデリアのランプ数

図 2.17 シャンデリアの図記号と外観

(9) チェーンペンダント（チェーンで吊られたペンダント） ⒸⓅ

天井からチェーンで吊られたペンダントで，明かりが多い多灯式のものは，シャンデリアとして扱っている．チェーンで吊り下げて電灯が 2 灯，3 灯用程度のものをチェーンペンダントとみなし，図記号の円の直径は図 2.2 で示した丸形の図記号寸法に準じる．チェーンペンダントの図記号と外観を**図 2.18** に示す．

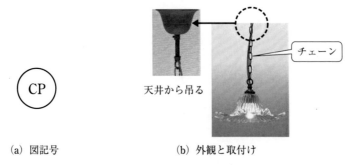

(a) 図記号　　　　　　　　　(b) 外観と取付け

図 2.18　チェーンペンダントの図記号と外観

(10) パイプペンダント（パイプで吊られたペンダント） Ⓟ

　白熱灯や蛍光灯などの灯具の種類を問わずパイプで吊られたものをいい，図記号の円の直径は図 2.2 で示した丸形の図記号寸法に準じる．パイプペンダントは古い建物の照明などに多く見られたが，現在はあまり見ることができない．パイプペンダントの図記号と外観を**図 2.19** に示す．

(a) 図記号　　　　　　　　　(b) 外観

図 2.19　パイプペンダントの図記号と写真

(11) ブラケット（壁付灯） ◖　◯w

　ブラケットの円の直径は JIS C 0303 丸形の記号寸法図で図 2.2 で示した図面縮尺寸法に準ずる．壁付は壁側を塗るか，または W を傍記する．ブラケットの図記号と外観を**図 2.20** に示す．

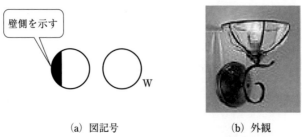

(a) 図記号　　　　　　　　　(b) 外観

図 2.20　ブラケットの図記号と外観

(12) 屋外灯（街路灯，庭園等）

街路灯または屋外灯の外円は JIS C 0303 丸形の記号寸法で図2.2の図面縮尺寸法で示した寸法に準ずる．図記号の描き方と外観を**図2.21**に示す．

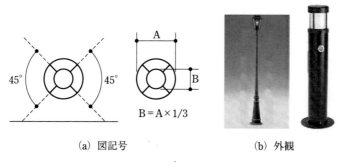

(a) 図記号 　　　　　　　　　(b) 外観

図2.21 屋外灯の図記号と外観

(13) 非常用照明（建築基準法によるもの）

建築基準法による非常用照明白熱灯図記号 ● と蛍光灯図記号 ⬤ の円の直径は JIS C 0303 図面縮尺に対する図記号の直径寸法に準ずる．壁付はWを傍記してもよい．非常用照明の図記号と外観を**図2.22**に示す．

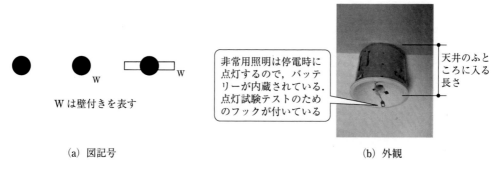

Wは壁付きを表す

非常用照明は停電時に点灯するので，バッテリーが内蔵されている．点灯試験テストのためのフックが付いている

天井のふところに入る長さ

(a) 図記号 　　　　　　　　　(b) 外観

図2.22 非常用照明の図記号と外観

(14) 誘導灯（消防法によるもの）

誘導灯は消防法に定められた避難誘導用の標識で，形状は四角や長方形の箱に白地に緑色，または緑色に白色の絵文字（ピクトグラフ）によるシンボルマークが描かれている．通常，誘導灯（避難口誘導灯，通路誘導灯）は商工業施設，宿泊施設などに対して設置が義務付けられている．停電時に際しては，通常の誘導灯では20分以上，長時間点灯形では1時間以上点灯し続ける能力がある．最近は音声案内装置が付いている機種もある．円の直径は JIS C 0303 図面縮尺に対する図記号の直径寸法に準ずる．図面縮尺1/50の図面では直径4 mm，1/100で3 mm，1/200で2.3 mm を標準とする．誘導灯図記号と外観を**図2.23**に示す．

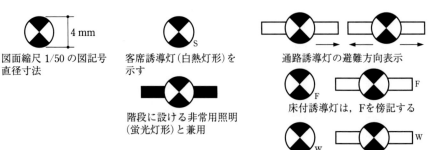

図面縮尺 1/50 の図記号
直径寸法

客席誘導灯（白熱灯形）を
示す

階段に設ける非常用照明
（蛍光灯形）と兼用

通路誘導灯の避難方向表示

床付誘導灯は，F を傍記する

壁付は，W を傍記する

(a) 図記号

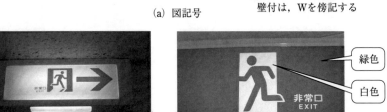

通路誘導灯

緑色

白色

(b) 外観

図 2.23　誘導灯の図記号と外観

(15) コンセント　⊖（一般形）　◇（ワイド形）

　1984 年 1 月に改正された「屋内配線図記号」が 2000 年 2 月に JIS C 0303 "構内電気設備の配線図記号" と名称が変更され，コンセントの図記号 ⊙ が ⊖ に変更された．しかし JIS C 0303 のコンセントの摘要欄をみると ⊙ と ◈ でも示してよいとされている．定格の表し方は 125 V 15 A までは傍記しなくてもよいが，定格電流 20 A 以上，定格電圧が 250 V 以上，コンセント口数が 2 口以上や極数が 3 極以上，防雨形，防爆形，医用の場合は必ず傍記しなければならない．図面寸法は JIS C 0303 丸形の図記号寸法と正方形の図記号寸法を適用する．**図 2.24** に一般形とワイド形のコンセントの図記号と図面縮尺寸法を示す．また，代表的なコンセントの種類と外観を**図 2.25** に示す．

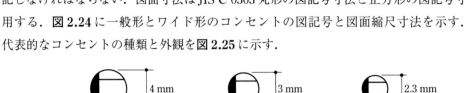

図面縮尺 1/50 の直径寸法　　図面縮尺 1/100 の直径寸法　　図面縮尺 1/200 の直径寸法

(a) 一般形コンセントの図記号

図面縮尺 1/50 の直径寸法　　図面縮尺 1/100 の直径寸法　　図面縮尺 1/200 の直径寸法

(b) ワイド形コンセントの図記号

図 2.24　コンセントの図記号

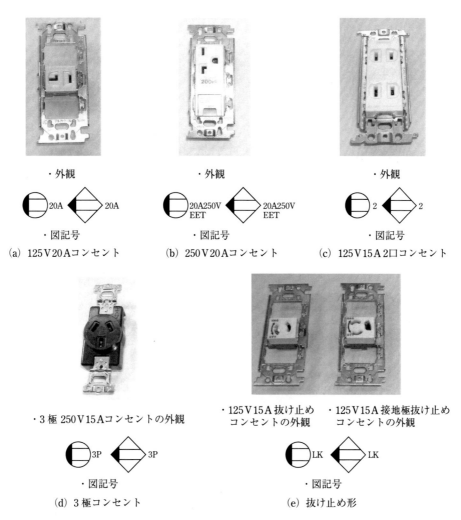

図 2.25 コンセントの種類と外観

（16）換気扇

換気扇は室内と室外の換気を行う電気製品である．円の直径はJIS C 0303 図面縮尺に対する図記号の直径寸法に準ずる．また，正方形の図記号も図面縮尺に対する図記号寸法に準じる．必要に応じて種類（扇風機を含む）および大きさを傍記する．天井付きの場合は丸ではなく四角なので注意が必要である．図記号と外観を図 2.26 に示す．

（a）図記号 （b）外観

図 2.26 換気扇の図記号と外観

（17）電熱器（ヒータ）　Ⓗ

　単相100V，200V，三相200V用の場合に適用する．最近は夜間電力を利用する電力会社が施設する電気温水器についても適用する．円の直径寸法はJIS C 0303（構内電気設備の配線図記号）の丸形図形寸法に準じる．

（18）タイマ，タイムスイッチ　TS

　タイマは電源を必要な時間に入・切をする装置であり，安い夜間電力を利用した電気温水器などにも使用されている．**図 2.27**（a）に示すように，図記号の長方形内の英文字が二字であるから，図面縮尺に対する図記号寸法は図2.4に示したJIS C 0303（構内電気設備の配線図記号）の長方形の図形寸法に準じる．また，図2.27（b）に示す外観の写真はアナログのタイマであるが，最近ではデジタルタイマが多く使用されている．

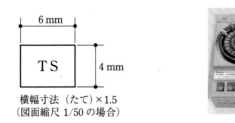

6 mm

TS　4 mm

横幅寸法（たて）×1.5
（図面縮尺 1/50 の場合）

（a）図記号　　　　　（b）タイマ（アナログタイマ）の外観

図 2.27　タイマの図記号寸法と外観

（19）ルームエアコン　RC

　一般住宅用のルームエアコンは単相100Vおよび200V用があり，ウインドタイプ，セパレートタイプに分かれている．図記号は長方形内の英文字が二字であるため，図面縮尺に対する図記号寸法は，図2.4に示したJIS C 0303（構内電気設備の配線図記号）の長方形の図形寸法に準じる．図記号寸法と外観を**図 2.28**に示す．

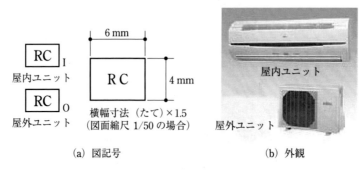

RC I
屋内ユニット

RC O
屋外ユニット

6 mm

R C　4 mm

横幅寸法（たて）×1.5
（図面縮尺 1/50 の場合）

屋内ユニット

屋外ユニット

（a）図記号　　　　　　　（b）外観

図 2.28　ルームエアコンの図記号寸法と外観

(20) 押しボタン ●

押しボタンは正方形とし，JIS C 0303（構内電気設備の配線図記号）の正方形の図形寸法に準じる．図記号，押しボタンの外観，図面縮尺に対する図記号寸法を**図2.29**に示す．

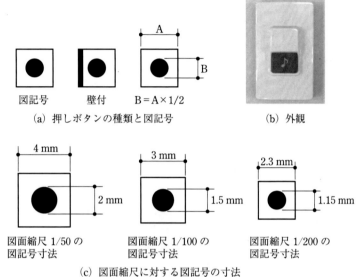

（a）押しボタンの種類と図記号　　　　　（b）外観

（c）図面縮尺に対する図記号の寸法

図2.29 押しボタンの図記号寸法と外観

(21) ブザー ⬠

ブザーは正方形とする．JIS C 0303（構内電気設備の配線図記号）の正方形の図形寸法に準じる．図記号，図面縮尺に対する図記号寸法を**図2.30**に示す．

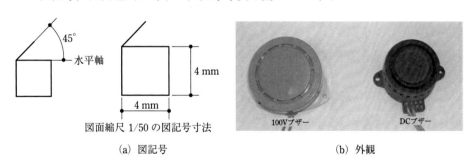

（a）図記号　　　　　　　　　　　（b）外観

図2.30 ブザーの図記号寸法と外観

(22) チャイム ♩

チャイムは，正方形の中に音符のシンボルマークが描かれている．図記号寸法はJIS C 0303（構内電気設備の配線図記号）の正方形の図形寸法に準じる．チャイムは交流100 Vで使えるものと乾電池で使えるものなど様々な機種があるため，図面設計時に機種の品番や交流，直流の区別など表示するとよい．チャイムの図記号および外観を**図2.31**に示す．

(a) 図記号　　　　　(b) 機種品番の記入例　　　　　(c) 外観

図 2.31　チャイム図記号と外観

(23) ベルトランス　Ⓣ$_B$

　ベルトランスは，ベルやチャイムその他の信号装置の電源として電灯線にこのトランスを接続し，4 V，6 V などの低い電圧に降圧する変圧器である．一般的には，一次電圧 100 V，二次電圧は 25 V 以下である．小型変圧器の図記号の右下に B を傍記する．円の直径寸法は，JIS C 0303（構内電気設備の配線図記号）の丸形図形寸法に準じる．ベルトランスの図記号および外観を**図 2.32** に示す．

(a) 図記号　　　　　(b) 外観

図 2.32　ベルトランスの図記号と外観

(24) インターホン親機　ⓣ

　住宅用インターホンは有線電気通信法の規制が適用されない構内専用の電話である．住宅の玄関にインターホン子機が取り付けられ，室内に設置するインターホン親機とで構成されている．最近はカラー液晶テレビモニタ付きで録画や録音のできるものが普及し，防犯の目的にも役立っている．インターホンの機種名を傍記し，電源が AC 電源を使用している場合には仕様書に記載されている消費電力も記入する．親機の図記号は二重丸を使用しているが，この場合には図記号が強調される外円の直径寸法をとる．円の直径寸法は，JIS C 0303（構内電気設備の配線図記号）の丸形図形寸法に準じる．インターホンの図記号を**図 2.33** に示す．

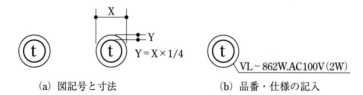

(a) 図記号と寸法　　　　　(b) 品番・仕様の記入

図 2.33　インターホン親機の図記号

(25) インターホン子機 ⓣ

インターホン子機は ⓣ で表される．円の直径寸法は，JIS C 0303（構内電気設備の配線図記号）の丸形図形寸法に準じる．親機と子機の外観を**図 2.34** に示す．

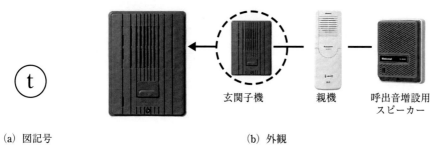

(a) 図記号 (b) 外観

図 2.34 インターホン子機の図記号と親機も含めた外観

(26) 電話用アウトレット（テレホンモジュラジャック） ◉

電話機の図記号は，内線電話機 Ⓣ，ボタン電話機 ⓉBT，加入電話機 Ⓣ，公衆電話機 ⓅⓉ を用い，図記号はその種類により区分されている．電話用アウトレットの図記号に用いる円の直径寸法は，JIS C 0303（構内電気設備の配線図記号）の丸形図形寸法に準じる．電話用アウトレットの図記号と寸法を**図 2.35** に示す．

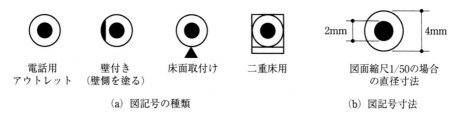

(a) 図記号の種類 (b) 図記号寸法

図 2.35 電話用アウトレットの図記号と寸法

(27) 直列ユニット（テレビアンテナ用受け口） ◎

旧 JIS C 0303「屋内配線用シンボル」5.5 テレビジョンの項では直列ユニット一端子形（75 Ω）◎，直列ユニット二端子形（75 Ω，300 Ω）◎ では別々の図記号が使用されていた．しかし，新しく改正された JIS C 0303「構内電気設備の配線図記号」では ◎ に統一された．直列ユニット，壁付き，終端抵抗付きなどがあり，小規模な共聴システムでは，直列ユニットの品番を傍記する場合がある．直列ユニットの円の直径寸法は，JIS C 0303（構内電気設備の配線図記号）の丸形図形寸法に準じる．図形縮尺に対する図記号寸法は電話用アウトレットに準じる．直列ユニットの図記号と外観を**図 2.36** に示す．

壁付　　終端抵抗付　　2 端子用　　品番（中継用）　　品番（終端用）

(a) 図記号

(b) 外観

図 2.36　直列ユニット（テレビアンテナ用受け口）の図記号と外観

(28) テレビ端子　──○

　テレビ端子にはインピーダンスが 300 Ω と 75 Ω の端子がある．現在の住宅では，テレビ端子は見かけることが少ない．テレビ端子の円の直径寸法は，JIS C 0303「構内電気設備の配線図記号」の丸形図形寸法に準じる．図形縮尺に対する図記号寸法は電話用アウトレットに準じる．テレビ端子の図記号と外観を**図 2.37** に示す．

・テレビ端子図記号

・2 端子の場合

4 mm

図面縮尺1/50の直径寸法

(a) 図記号と寸法

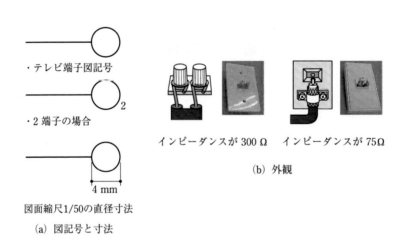

インピーダンスが 300 Ω　　インピーダンスが 75Ω

(b) 外観

図 2.37　テレビ端子の図記号と外観

(29) 分配器

　分配器は入力信号を 2 つ以上の出力に等しく分配する器具で，2，3，4，5，6 分配器などが作られている．図記号の円の直径は JIS C 0303「構内電気設備の配線図記号」の丸形図形寸法に準じる．分配器の図記号と外観を**図 2.38** に示す．

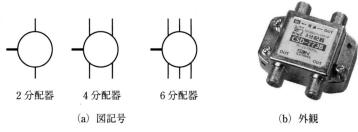

2 分配器　　　　4 分配器　　　　6 分配器

(a) 図記号　　　　　　　　　　(b) 外観

図 2.38 分配器図記号と外観

(30) 分岐器

　分岐器は入力信号の一部を分岐する．分配器は入力信号を均等に分けるのに対して，分岐器は幹線から必要な分の信号量だけを取り出している．また，分岐数により1，2，4分岐器がある．分配器と分岐器は同じ形状をしているので，型番に注意が必要である．円の直径はJIS C 0303「構内電気設備の配線図記号」の丸形図形寸法に準じる．分岐器の図記号と外観を**図 2.39**に示す．

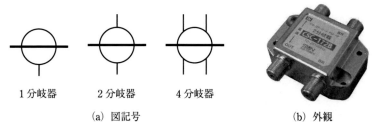

1 分岐器　　　　2 分岐器　　　　4 分岐器

(a) 図記号　　　　　　　　　　(b) 外観

図 2.39 分岐器図記号と外観

(31) 混合器・分波器

　混合器は違う周波数帯の電波（VHF・UHF・BS・CS）を1本の同軸ケーブルで家の中に引き込むために作られた器具である．1本の同軸ケーブルで引き込まれた信号を元のVHF，UHF，BS，CSの信号に戻すのが分波器である．混合器には，UV混合器，BS/UV混合器などがある．混合器と分波器の図記号および外観を**図 2.40**に示す．図記号の円の直径はJIS C 0303（構内電気設備の配線図記号）の丸形図形寸法に準じる．図2.40（b）左の ⟨⟩ 内は同軸ケーブルを接続するタイプで，図2.40（b）中の ⟨⟩ 内はF型接栓を用いるタイプである．同軸タイプよりはF型接栓のほうが外部からノイズを拾いにくい．

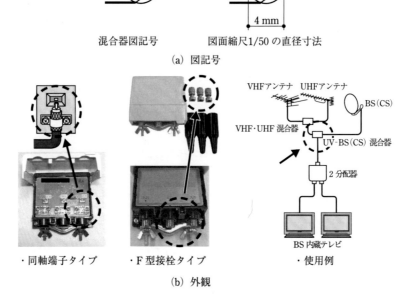

（a）図記号

混合器図記号　　　図面縮尺1/50 の直径寸法

・同軸端子タイプ　　・F 型接栓タイプ　　・使用例

（b）外観

図 2.40　混合器と分波器の図記号と外観

(32) 増幅器

　テレビ用アンテナで受信する電波（VHF/UHF/BS/CS）は周波数が高くなると，アンテナ線の中で減衰しやすい．ブースタはアンテナで受信した弱い電波を電気的に増幅する器具で，アンテナとテレビの間に接続する．屋外用と屋内用がある．ブースタの図記号と外観を**図 2.41** に示す．

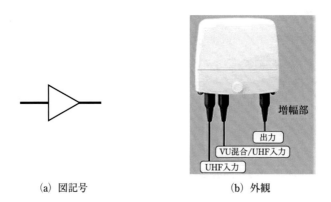

（a）図記号　　　　　　　　　（b）外観

図 2.41　増幅器の図記号と外観

(33) テレビジョンアンテナ（VHF・UHF）

　テレビ放送VHF（1 〜 12 チャンネル）UHF（13 〜 63 チャンネル）の電波を受信する器具である（ただし，VHFによるアナログ放送は2011 年7 月で中止され，UHFによるデジタ

ル放送となる），電波を受信する際，アンテナのエレメント（素子数）の数が多いほど利得が大きくなり，遠距離受信に向いている．必要に応じて，機種の形名や素子数（エレメント数）などを傍記する．アンテナの図記号と外観を**図2.42**に示す．

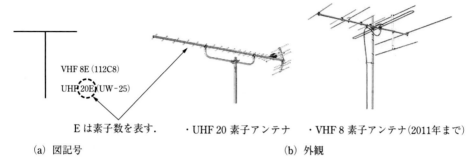

図2.42 VHF・UHF アンテナの図記号と外観

(34) パラボラアンテナ（BS・CS）

BS放送は放送衛星を利用して一般家庭で視聴されることを目的とした放送である．また，CS放送は通信衛星を利用した放送である．CS放送は通信事業を目的とした通信衛星であったため，1989年に放送法が改正されるまでは一般家庭での利用ができなかった．衛星は赤道上空約36 000 kmに静止し，地上の放送局から発信された電波を受信し，衛星より再び各家庭に向け直接放送をするので，山や建物などの障害物の影響を受けないためゴーストがなく鮮明に映るメリットがある．このBS放送やCS放送を受信するためのアンテナがパラボラアンテナである．図記号寸法はJIS C 0303（構内電気設備の配線図記号）の長方形の図形寸法に準じる．パラボラアンテナの図記号寸法と外観を**図2.43**に示す．

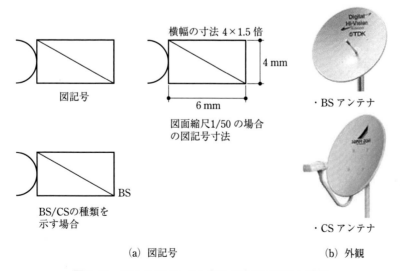

図2.43 パラボラアンテナ(BS·CS)の図記号と外観

(35) 点検口　　○

押入れまたは床面に設けられる．天井ふところ，床下の点検のために用意された開口部の記号として用いる．JIS C 0303「屋内配線用図記号」一般配線 2.1（配線・ダクト・金属線ぴなどを含む）には点検口が記載されていたが，新 JIS C 0303「構内電気設備の配線用図記号」では点検口は削除されている．古い図面や配線設計では必要と思われるため記載する．点検口の図記号は正方形の図形寸法に準じる．点検口の図記号と外観を**図 2.44** に示す．

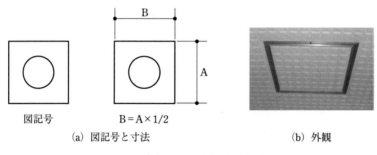

（a）図記号と寸法　　B＝A×1/2　　　　　　（b）外観

図 2.44　点検口の図記号寸法と外観

(36)　立上り，立下り　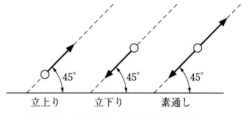

配線の立上り，立下りは 45°の傾斜角を矢印で表示し，円の直径は，JIS C 0303「構内電気設備の配線用図記号」の丸形の図面縮尺に対する図記号の直径寸法に準じる．立上り，立下りの図記号を**図 2.45** に示す．

立上り　　立下り　　素通し

図 2.45　立上り・立下りの図記号

(37) 調光器（ライトコントロールスイッチ）

調光器は，立上り図と同じように水平軸に対して 45°の傾斜角をもつ矢印で表示する．定格を示す場合は矢印の中心の右側に 300W，400W，800W などと傍記する．調光器の図記号と外観を**図 2.46** に示す．

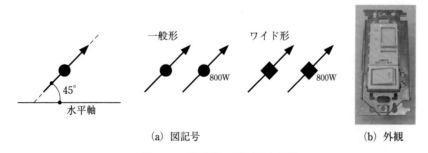

一般形　　　ワイド形

45°　水平軸　　　800W　　　800W

（a）図記号　　　　　　　　　　　（b）外観

図 2.46　調光器の図記号と外観

(38) 自動点滅器　●A

屋外灯に使用する自動点滅器の図記号と外観を**図2.47**に示す．自動点滅器は図記号にA および容量を図2.47（a）に示すように傍記する．

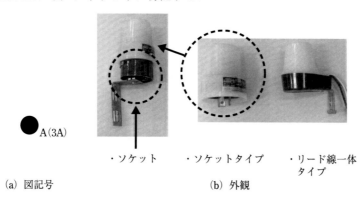

●A(3A)

・ソケット　　　・ソケットタイプ　　　・リード線一体
　　　　　　　　　　　　　　　　　　　　タイプ

（a）図記号　　　　　　　　　（b）外観

図2.47　自動点滅器の図記号と外観

(39) 電力量計（箱入りまたはフード付き）　Wh ⓌＷh ⓌＷH

電力量計の図記号は必要に応じ，電気方式，電圧，電流などを傍記する．図記号寸法は JIS C 0303「構内電気設備の配線図記号」の図面縮尺に対する正方形の図記号寸法に準じる． 電力量計の図記号と図記号寸法を**図2.48**に示す．

・箱入りまたは　　　・WHとしても
　フード付き　　　　　よい

（a）図記号

4 mm

Wh

4 mm

1/50の縮尺図面
の場合

（b）図記号寸法

図2.48　電力量計の図記号と図記号寸法

(40) 分電盤　◨

分電盤の図記号寸法はJIS C 0303「構内電気設備の配線図記号」の図面縮尺に対する長方形の図記号寸法に準じる．図記号は**図2.49**に示すように水平軸に対して30°の角度で描く．なお，横幅の寸法は2倍，2.5倍，3倍などと必要に応じて増やす．

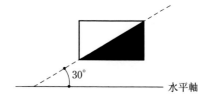

30°

水平軸

図2.49　電灯分電盤の描き方

(41) 配電盤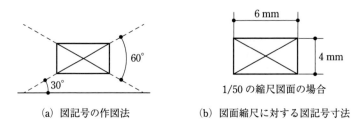

　配電盤は JIS C 0303 4.5　配電盤・分電盤等で規定されている．配電盤の作図法を**図 2.50**
(a) に示す．また，図面縮尺に対する図記号寸法を図 2.50 (b) に示す．動力用の分電盤も
これに準じる．

(a) 図記号の作図法　　　　(b) 図面縮尺に対する図記号寸法

図 2.50　配電盤の図記号の作図法と寸法

(42) 電流制限器（電力会社が取り付ける）　Ⓛ

　電流制限器は電力会社と需要家との契約電力に応じて，5A，10A，15A，20A，30A，40A，
50A，60A と分けられている．一般家庭で最も多く契約されている SB（サービスブレーカ）
契約で電流制限器の色によって契約アンペアがわかる．古い建物の場合には，家庭への引込
みの電線太さが直径 2.6 mm の線が使用されていることが多く，この場合は 30A までの契約
が最大となり，それ以上の契約を望む場合には幹線を引き換えなければならない．現在の新
築マンションや住宅などでは 14 mm^2 の幹線が入っているため，問題は生じない．電流制限
器の色と最小引込電線の太さを**表 2.4** に，電流制限器の図記号と外観を**図 2.51** に示す．

表 2.4　電流制限器の色と最小引込電線の太さ（単線：直径〔mm〕，より線：断面積〔mm^2〕）

契約電流〔A〕	10	15	20	30	40	50	60
色	赤	桃	黄	緑	灰	茶	紫
最小電線の太さ	1.6 mm	2.0 mm	2.0 mm	2.6 mm	8 mm^2	14 mm^2	14 mm^2

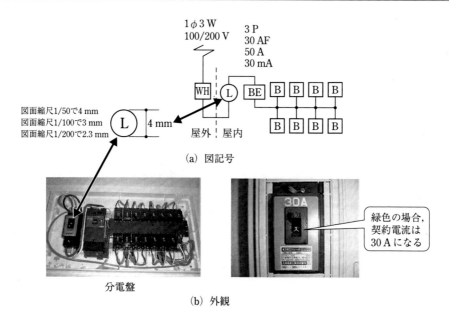

(a) 図記号

(b) 外観

図2.51 分電盤内の電流制限器

(43) 配線用遮断器（MCCB） B

配線用遮断器はヒューズがないのでノーヒューズブレーカとも呼ばれている.
分電盤接続図を作図する場合，図記号寸法は JIS C 0303（構内電気設備の配線図記号）の正方形の図面縮尺に対する図記号寸法による．配線用遮断器の図記号と外観を**図2.52**に示す.

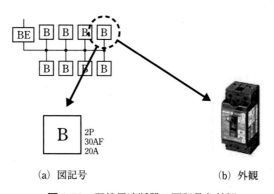

(a) 図記号   (b) 外観

図2.52 配線用遮断器の図記号と外観

(44) 漏電遮断器（過負荷保護なし） E S ELCB

　漏電遮断器の図記号は E または S ELCB で表す．過負荷保護なしは，極数，定格電流，定格感度電流を傍記する．また，図記号の寸法は JIS C 0303 の図面縮尺に対する正方形の図記号寸法に準じる．過負荷保護付と区別がつきにくいので銘板に注意する．漏電遮断器の図記号を**図2.53**に示す.

過負荷保護なし

図2.53 漏電遮断器の図記号
（過負荷保護なし）

（45）漏電遮断器（過負荷保護あり）　E　BE

　漏電遮断器の図記号は E または BE で表す．過負荷保護付は，極数，フレームの大き
さ，定格電流，定格感度電流を傍記する．また， E のように英文字が一字の場合には JIS
C 0303 の図面縮尺に対する正方形の図記号寸法を用い， BE のような場合には長方形の図
記号寸法（英文字が二文字）に準じる．図記号と外観は**図 2.54** に示す．

E
2P　　　極数
30AF　フレームの大きさ
15A　　定格電流
30mA　定格感度電流

B E
2P　　　極数
30AF　フレームの大きさ
15A　　定格電流
30mA　定格感度電流

過負荷保護付

　　（a）図記号　　　　　　　　　　　（b）外観

図 2.54　漏電遮断器（過負荷保護付）の図記号と外観

第3章
建築図面

　建築図面は建築会社や設計会社から提供されるが，電気設備を設計する場合，特に必要となるのは建築平面図・建物配置図および現場付近図である．

　電気設備の設計は，まず建築平面図をトレース（写図）することから始めることになるが，1枚の用紙に複数の図面を書く場合には，**図3.1**に一例を示すように，図の大きさや書き込む位置に注意し，バランス良く配置するように心掛ける．

　一般に使用される図面の用紙のサイズはA2版～A3版のものが多いが，東京電力管内での電気使用申し込みで使用される図面用紙は施工証明兼お客様電気設備図面と書かれたもので必要事項の記入欄が設けられている用紙を推奨しており，その用紙のサイズはA3版で電気設備図を描くスペースは必要事項の記入欄を除いたその半分のA4版のサイズになる．必要に応じて用紙を切り貼りして図面を書く場合もあるが，切り貼りでも不足の場合には，用紙とともに図面を添付する．用紙や記入方法については第8章で述べる．

　建物が1階建て（平屋）でなく，2階，3階と複数階に及ぶ場合には，平面図は上下関係や重なりの位置も正確に書く必要がある．しかし，建物の上下階が同じ大きさや間取りとなるとは限らないため，建物の重なりが実際と異ならないよう十分に注意する．

　建物の各階の重なりが建築図面でも，別図面に各階を書き分けているなどでわかりにくい場合には，階段の位置が目印となるため，階段の位置を揃えて書くと建物の重なりを正確に書くことができる．

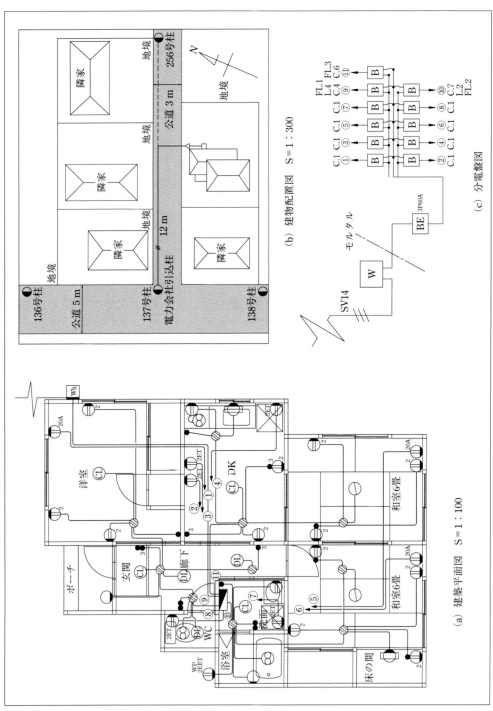

図 3.1　電気設備図の一例

3.1 建築平面図

　建築平面図は基本的に縮尺 1/100 でトレースするが，小さくなり過ぎてわかりにくい場合には，1/50 や 1/30 などの縮尺を使う場合もある．

　縮尺 1/100 とは図面に書かれている寸法を 100 倍すれば実際の寸法（実寸）になることを表している．つまり，縮尺 1/100 の図面上で 1 cm の長さで書かれたものは，実寸に直すと 100 cm（1 m）の長さになる．

　建築工法には木造，鉄骨造，鉄筋コンクリート造など様々なものがあるが，建築平面図は工法に関わらず忠実にトレースしなければならない．

　建築図面は縮尺が正確に書かれているので，トレーシングペーパを使用する場合には，トレーシングペーパを建築図面の上に重ねて置き，建築図面の線を直接トレーシングペーパに書き込む方法がある．

　この際には，ライトテーブル（透写台）を使用すると建築図面の線がはっきりと浮かび上がるのでトレースしやすくなり便利である．

　建築平面図が**図 3.2** に示す平面図のように，建物の構造や間取りなどがあまり複雑でない場合には，**図 3.3** に示すように部屋の用途（居間・台所・浴室など），間取り，出入口などが一目でわかるように書いたものであれば，平面図の壁，間仕切り，窓，扉などを単線で書いて簡略化しても差し支えない．これは，電力会社に提出する電気設備図面の場合には部屋の間取りや使用目的が明確な平面図であれば，平面図に書き込まれる電気設備やその配置のほうがより重要なためである．

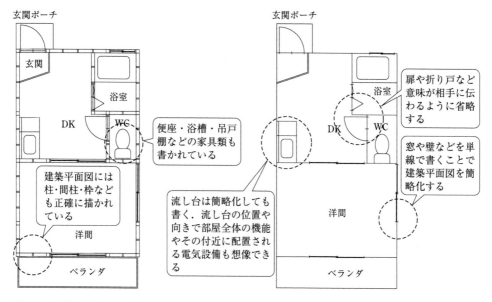

図 3.2　建築平面図の一例　　　　**図 3.3　簡略化した建築平面図**

　建築平面図をトレースする場合には，屋内配線図の配線よりも細い線を使用して書き分ける方法や，建築平面図の線が薄くなるように鉛筆で描く線の濃さを変えて書く方法などにより屋内配線図を見やすく描くことができる.

　他にも，トレーシングペーパに平面図をトレースした原図を裏向きに青焼きすることで正反対の図面を作り，この図面を新たにトレーシングペーパの裏側にトレースし，表側に電気設備を書くなど，適した方法を工夫して用いるとよい.

3.2　建物配置図

　建物配置図は，1/100，1/200 または 1/300 などの縮尺で書かれているものをトレースすることになるが，図面全体のバランスで縮尺の尺度を変更して書く場合もある.

　建物配置図は，土地（建設現場）の隣家との境界線（地境）や土地の大きさ，周囲の道路の道幅，方角，その土地に建築物がどのように配置されているのかを表したものである.

　電気設備を設計する際には，建物配置図をそのままトレースするだけでは電柱の配置が書かれていないほか，一般的に建築図面での建物配置図に書かれている範囲が隣家との境界線程度と狭く，電柱や配電線などの状況を書き入れるためには範囲が不足しているため，図3.4 に示すように少なくとも電気の供給を受けようとする電柱（引込柱）の両隣の電柱の位置などを書ける範囲まで道路や付近の建物を図面に付け足して書かなくてはならない.

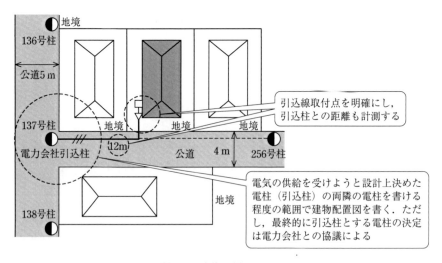

図 3.4　建物配置図の一例

　建物配置図をトレースした後に範囲を広げて道路や付近の建物および電柱の配置などを書くことになるが，書き入れる際には電力会社の電柱（本柱）と本柱以外の小柱（電話柱も含む），または施主が立てる小柱（1 号柱）などを明確に書き分ける必要がある.

　また，図3.4 に示す電柱の標識と番号は電力会社が配電線の保守や管理のため振り当てたものである. 電柱の標識と番号は各電柱に表示されており，電力会社との設計の協議の際に

は必要となるため，建物配置図中の各電柱とともに書く．電柱の標識と番号の一例を**図3.5**に示す．

江古2が電柱標識であり，06・05が電柱番号である

図3.5　電柱番号の標識の一例

　建築現場付近の電柱の配置は電柱からの架空引込線の経路や引込取付点の位置，毎月検針を受ける電力会社の需給計器（特に電気メータ）の取付け位置を決定するために重要である．建物配置図から書き加えて作成した図面は電力会社や電気工事店などでは建物配置図ではなく付近図と呼ぶことが一般的である．

3.3　分電盤図

　建築平面図と建物配置図とを同一の図面上に書かなくてはならない場合，**図3.6**に示すように幹線系統図と分電盤図を書くための余白を確保しておく必要がある．ただし，戸建て住宅の場合には，幹線の分岐はなく一系統であるため幹線系統図は省略し，引込取付点から需給計器を経由して描かれた分電盤図を，幹線系統図を兼ねた分電盤図として図面に記入する．

　分電盤図を書くためのスペースは，分岐回路の数や分電盤の種類などで大きさが異なるため一概には決められない．しかし，市販のホーム分電盤などを使用した一般的な住宅の分電盤図では，A3版の大きさの用紙の場合でも最低限A6版のサイズ程度は余白を確保する必要がある．これは分電盤図には分岐回路の負荷設備数を分岐ごとに分電盤図に書き入れるため，思いのほかスペースが必要になるためである．

　電気設備図を1枚の図面上に作成する場合には，現場案内図は電気設備とは直接関係が少ないため別紙に掲載し，電気設備を書き入れた建築平面図（屋内配線図面）と配電柱や引込線の経路などを書き入れた建物配置図（付近図）および分電盤図と幹線系統図が重要であるため，これらの図を書き入れて作成する．

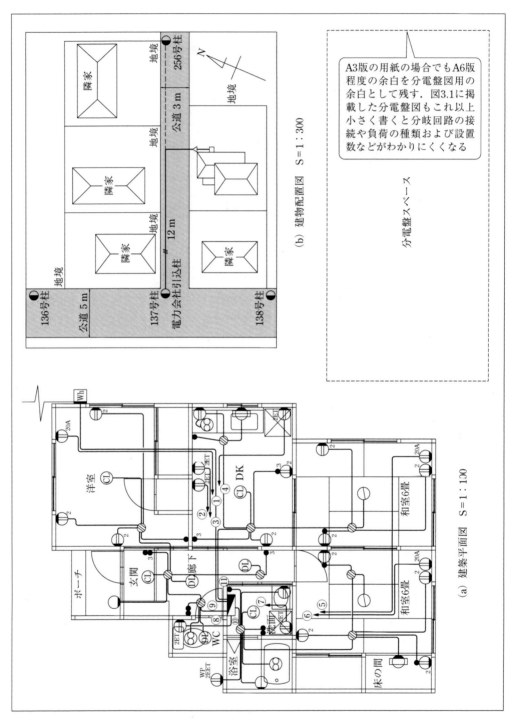

図 3.6　建築平面図と建築配置図と分電盤図との書き方の一例

3.4 現場案内図

現場案内図は現場に携わる様々な業者に建設現場の所在を示すもので，最近では**図 3.7** に示すように建築現場を中心とした縮尺 1/1 500 や 1/750 程度の精密な地図を添付していることが多くなっている．

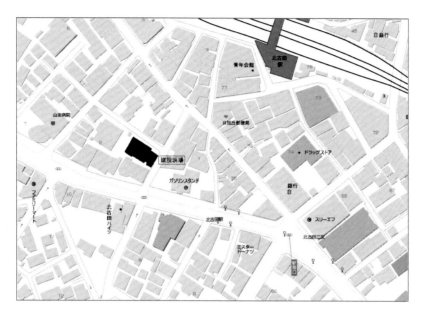

図 3.7 現場案内図の一例

インターネットなどにより精密な地図を簡単に入手できるようになったことや，自動車だけでなく携帯電話などにもナビゲーション機能を備えたものが多くなってきたことにより，これら電子データから入手した現場付近の地図をそのまま添付することが多くなった．

一般に現場案内図は，広告などに掲載されている案内図と同様であり，建築現場から最寄りの交通機関までの道程に，曲がり角など要所の目標物となる建造物や施設，看板などを示したもので，なるべく簡略化して書く．

簡略化して案内図を書く場合には，道路の距離など縮尺に合うように精密に書く必要はないが，極端に距離が異なる場合などは目安となる距離なども書き加えると親切である．また，曲がり角の目標だけでなく案内される人が道程において自分の位置を確認できるような送電線の鉄塔，目に留まる高層ビルや奇抜なデザインの建造物なども書き加えるとよい．現場案内図を描く人の目標のとり方，または案内と異なった交通機関を使用する人にとっては不案内になることもあるため注意することが必要である．

現場案内図は，精密な地図やそうでないものに関わらず，上を北として書くことが基本である．参考に現場案内図の例を**図 3.8** に示す．

現場案内図は，案内図として 1 枚の独立した図面を作成することが多い．

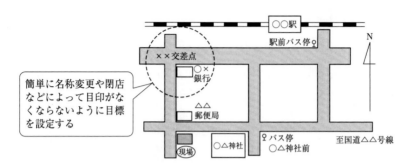

図 3.8　現場案内図の一例

第4章

屋内配線図の書き方

　建築平面図の準備ができると，次に，平面図に電気器具の配線用図記号を書き込み，配線を行う．

　電気器具の配置によっては使い勝手が大きく変わってくる．したがって，使用者側に配慮し，機能性や操作性を考えた配置となるように心掛ける．

　また，電気設備図面（平面図に電気器具用図記号の配置および配線された内線図面や分電盤図および幹線系統図など）は第三者にも見やすく，わかりやすく書く必要がある．

　配線の書き方は，書き手の癖や主観によっても大きく異なるが，配線設計では電気設備技術基準や内線規程に準じているため，電気設備に対する考え方で多少の差はあるが大きく異なることはない．

　初めて電気設備図を書く場合は，慣れるまで本書に示した手順に準じて進め，慣れて行く過程で他人の書き方の良いところを参考にして，自分なりの書き方を確立することをおすすめする．

4.1　引込線取付点の設定

　引込線にはいくつかの引込み方式があり，**図 4.1**（a）に示すように，電力会社の電柱から架空線により最短距離で直接引き込む本柱引込みが基本となる．しかし，隣家や道路の状況および電柱の位置によっては図 4.1（b）に示すように電柱から電柱へメッセンジャーワイヤを張り，このワイヤで引込線を吊ることで取付点に接続する吊架引込み方式がある．

　他にも図 4.1（c）に示すように本柱からすでに設置されている小柱や電話柱などを経由する既設小柱引込み方式や，図 4.1（d）に示す敷地（構内）に小柱（1 号柱）や道路（私道，公道）に本柱または小柱を建柱する本柱・小柱の新設による引込み方式や，基本的に使用しないが，図 4.1（e）に示す連接引込みなど，引込線の状況が悪いときはあらかじめ電力会社との協議により引込線の方式を検討する必要がある．代表的な引込みの実際の例として**図4.2**（a）の本柱引込みと図 4.2（b）の吊架引込みを示す．

　架空引込線の高さは内線規程によると**図 4.3**に示すように，架空引込線の取付点の高さは車道を横断する場合は 5 m 以上，歩道を含むその他の場所では 4 m 以上，技術上やむを得ない場合で，交通に支障がないときは 2.5 m 以上とすることができる．

　引込線取付点で考慮しなくてはならないことは，引込線が隣家の敷地を通過するような場合や，電話線などの弱電流電線・アンテナや煙突（0.6 m 以上），樹木（0.2 m 以上），看板（0.8 m 以上）などに接近するような位置に設定しないように注意する．

　また，引込線や引込線取付点の取付金物などをベランダや窓などから容易に触れることができないように設置しなければならない．

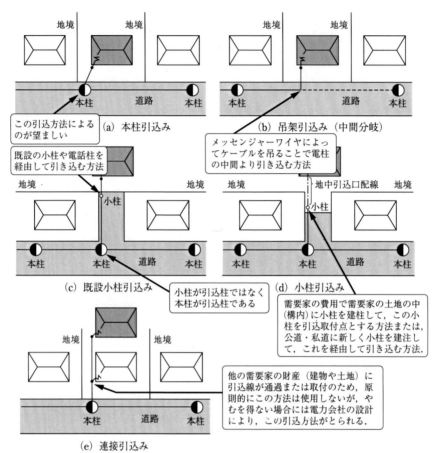

図 4.1　建物配置図の一例

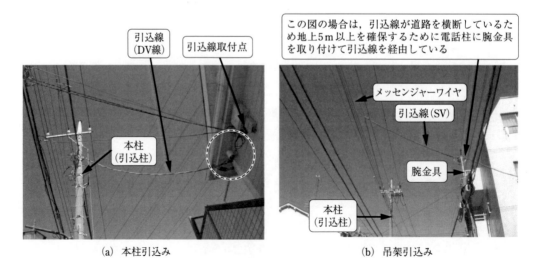

図 4.2　引込線の種類の実例

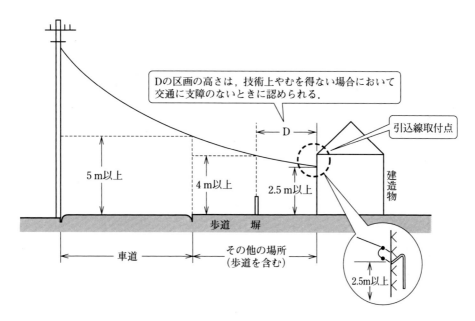

図 4.3 架空引込線の高さ（内線規程付録より抜粋）

　架空引込線は電柱から引込線取付点までの支持点間の距離を，最長でも 25 m 以内としなくてはならない．また，引込線取付点の支持金物が電線の張力や重量に十分耐え得るように固定できる場所であり，固定方法でなくてはならない．引込取付点の固定方法の例と取付金物の例を**図 4.4**（a）および図 4.4（b）に示す．

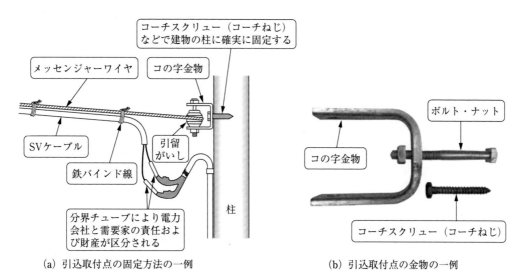

（a）引込取付点の固定方法の一例　　　　（b）引込取付点の金物の一例

図 4.4 引込取付点

　引込取付点は住宅では 1 箇所のみの設置であり複数箇所に設置してはならない．また，二世帯住宅や集合住宅（アパートやマンション）などでも一構造物（一建築物）に引込線の接続点は原則 1 箇所までとし，一共同引込によって電気を供給すると電力会社の供給約款によ

り規定されている．

　以上の事項については，「内線規程（以下，内規とする．）1編3章保安原則1370節　引込み」および「内規（付録）　引込線及び引込口配線の取扱い」に示されている．

4.2　需給計器の設定

　電力会社の電力量計や電流制限器および変流器などを需給計器という．

　ここでの需給計器とは主に電力量計（電気メータ）を指している．

　取付け場所は検針や保守および調査（検査）が容易にできる露出場所で，次に示す場所に取り付けることが「内規1370-6　需給計器などの取り付け」で下記のように示されている．

(1)　他動的損傷を受けるおそれのないところ

(2)　振動の影響が小さいところ

(3)　ばい煙，じんあいの少ないところ

(4)　将来建造物が新増設され，又は変更されて，検針，保守などに困難となるおそれのないところ

(5)　温度の変化の小さいところ

(6)　化学薬品のため腐しょく作用を受けないところ

(7)　磁気の影響が小さいところ

(8)　通行に支障とならないところ

(9)　その他適当なところ

　電力量計の取付け板を屋外に取り付ける場合は，**図4.5**に示すように，引込線取付点と引込口との間で，地表上1.8 m以上，2.2 m以下の高さに取り付けること．ただしキャビネット内に収めて取り付ける場合は，1.8 m以下とすることができる．

　屋内に電力量計を取り付ける場合は取付け板は木製で差し支えはないが，屋外に取付け板を取り付ける場合は雨線内（通常の降雨で雨の掛からない場所）や雨線外（通常の降雨で雨の掛かる場所）に関わらず電力量計の取付け板は樹脂製とするか，箱入り（メータフードや防水のキャビネット）にするのがよい．

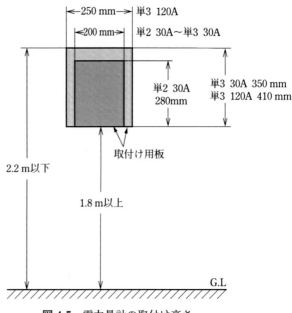

図4.5　電力量計の取付け高さ

以上の条件を満たした場所を選定し**図 4.6**に示すように計器の図記号を記入する．

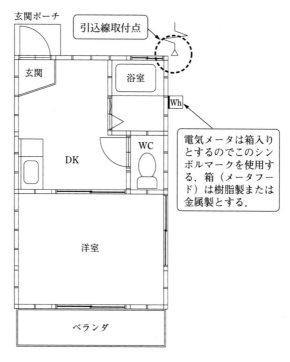

玄関ポーチ

引込線取付点

玄関

浴室

Wh

電気メータは箱入り
とするのでこのシン
ボルマークを使用す
る．箱（メータフー
ド）は樹脂製または
金属製とする．

DK

WC

洋室

ベランダ

図 4.6　電力量計の取付け位置と図記号

4.3　分電盤の設定

　分電盤は電気設備の中枢である．分電盤には幹線保護や分岐回路の保護，電路の開閉を司る機能が収められている．

　近年では外観も優れたものになっているが，人目に触れることを嫌う傾向がある．こうした意向は十分に汲む必要があるが設置場所については「内規1編3章保安原則　1365節　配電盤及び分電盤」で下記のように示されている．

（1）電気回路が容易に操作できる場所

（2）開閉器を容易に開閉できる場所

（3）露出場所（3170 - 7（[分電盤の施設]）に規定する補助的分電盤を除く．）

（4）安定した場所

〔注1〕遮断器の動作時などに迅速かつ的確に操作できるようにするため，戸棚の内部（配電盤及び分電盤として専用のスペースが確保されているものを除く．）や押入れなどには施設しないこと

〔注2〕住宅に施設する場合にあっては，緊急時などに容易に立ち入ることのできない場所（便所内など）には施設しないこと

〔注3〕浴室内などのように，湿気が充満するおそれのある場所には施設しないこと

配電盤及び分電盤は，レンジなど火気を使用する場所の上部以外の乾燥した場所に施設すること．

この他で注意することは，洗面所と便所のスペースがオープンになっている間取りを2×4（ツーバイフォー）の住宅などでは特に多く見受けられるが，この場合にはそのスペースが便所である認識で設計するのがよい．また，玄関の下駄箱の一部や廊下の収納ボックスの一部が分電盤の取付けスペースとして利用されることも多い．この場合は，取り付けた分電盤の前に荷物などを置けるスペースがなくなるように建設会社に施工してもらい取り付けるほうがよい．分電盤のためのスペースとして確保していても需要家の使い方次第では危険な状況が生じてしまうためである．

上記の条件を満たす場所を選定したら，**図4.7**に一例を示すように分電盤の配線用図記号を記入する．

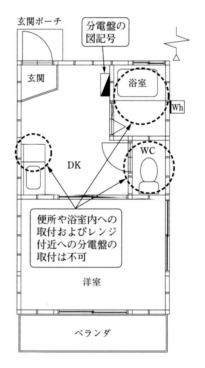

図4.7　分電盤の設定位置と図記号

4.4　配線用器具の設置

ここからは引込接続点と電力量計および分電盤の配線用図記号が配置された平面図に，照明器具やスイッチおよびコンセントなどの配線用図記号を記入していくことになる．

配線用器具を配置する際には，必要とする配線用器具の記入漏れをしないように注意する

ことが大切である．

　初めて屋内配線図を描く場合には建築図面の間取りの一部屋ごとにそれぞれの配線器具の図記号を配置していくほうが記入漏れを少なくすることができる．

　また，一部屋ごとに配線用図記号を記入する場合や，そうでない場合でも照明器具，コンセント，スイッチの順で**図4.8**に示すように記入順を決めていくほうが配置しやすい．

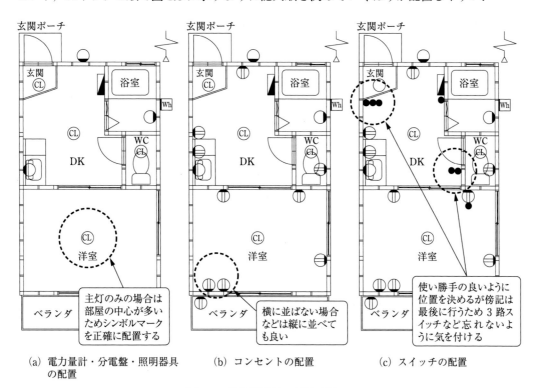

　（a）電力量計・分電盤・照明器具　　　（b）コンセントの配置　　　　（c）スイッチの配置
　　　の配置

図4.8　配線用器具の配置手順

　部屋の照明は施主の希望にもよるが，部屋の中心に主灯として1灯設ける場合が非常に多い．また，リビングやダイニングは主灯のほかに副灯を設けてテーブルやカウンタ上を照らす場合が多い．

　キッチンは主灯のほか，流し台の中央などに炊事作業の手元を照らす手元灯の配置を忘れないように注意する．

　洗面所も洗面化粧台の手元や洗濯機設置スペースにも手元を照らす照明器具の設置を行うように心掛ける．

　玄関，玄関ポーチ，トイレ，ウォークインクローゼットなどにも適正に照明器具を配置するほか，廊下の照明は距離や曲がり方，部屋の出入口を考慮する．

　階段の照明は回り階段などでは見通しの悪い場合，均等に照らせる位置を選択するか複数灯設置することを考えてもよい．

　スイッチを取り付ける位置は，部屋の出入口が最も多い．スイッチの設置位置を部屋の内

側にするか外側にするかは施主の希望によるほか，間取りの配置や出入口の建具や扉の開きの向きにも影響されるが，部屋内に取り付ける場合が最も多い．

また，手元灯などのスイッチの位置は，作業する傍で点滅できたほうが便利な場合が多い．スイッチ設置の位置については，部屋の間取りや人の移動線を考慮に入れて決定したほうがよい．また，コンセントの配置については，部屋の大きさや窓，扉の位置によって使いやすい位置を適正に決定して配置しなければならない．

住宅におけるコンセント数については，**表 4.1** に示すように内線規程で標準的な値が示されているので参考にするとよい．

表 4.1　コンセント数（内線規程 3605-10より抜粋）

場　　　所		コンセント施設数（個）		想定される機器例
		100 V	200 V	
台　　所		6	1	冷蔵庫，ラジオ，コーヒーメーカー，電気ポット，ジューサー，ミキサー，トースター，レンジ台，オーブン電子レンジ，オーブントースター
食 事 室		4	1	食器洗い乾燥機，電気生ごみ処理機，電熱コンロ，ホットプレート，電気ジャー炊飯器，ホームベーカリー，電気釜，卓上型電磁調理器
居室など	5 m² （3〜4.5畳）	2	－	電気スタンド，ステレオ，ビデオ，DVD/CDプレーヤー，ラジカセ，扇風機，電気毛布，電気あんか
	7.5〜10 m² （4.5〜6畳）	3	1	加湿器，ふとん乾燥機，ワープロ，パソコン，蚊とり器，ズボンプレッサー，テレビ，セラミックヒーター，ファンヒーター，電気カーペット，電気こたつ，電気ストーブ，掃除機，アイロン，空気清浄機，BS/CSチューナー，テレビゲーム機，FAX付電話，多機能コードレス電話，パソコン関連機器（モニター，プリンター）
	10〜13 m² （6〜8畳）	4		
	13〜17 m² （8〜10畳）	5		
	17〜20 m² （10〜13畳）	6		
ト イ レ		2	－	温水洗浄暖房便座，空調，換気扇，電気ストーブ
玄　　関		1	－	熱帯魚水槽，掃除機
洗面・脱衣所		2	1	洗濯機，掃除機，電気髭そり，洗面台，電動歯ブラシ，ホットカーラー，ヘアードライヤー，洗濯乾燥機，衣類乾燥機
廊　　下		1	－	掃除機

〔備考1〕　コンセント1個当たりの想定負荷は150VA（1個の口数が4口以上になる場合は，1口当たり150VAを加算．）とすること．
〔備考2〕　美容室又はクリーニング店などにおいて業務用機械器具を使用するコンセントは1個を原則とし，同一室内に設置する場合に限り，2個までとする．
〔備考3〕　病院で使用する医用コンセントの数は JIS T 1022（病院電気設備の安全基準）参照のこと．

近年，多機能の電話機では電話機用の電源を必要とするため，内線規程で示されているコンセントの数はあくまでも標準的なもので，示されているコンセントの個数より多く設置することは差し支えない．

　掃出しの窓や扉などの開口部にコンセントを設置することはできない．この他，希望にもよるが部屋の対角線上にコンセントを配置するなどして家具などの配置によりコンセントが隠れることを防ぐようにする．

　掃出しでない窓の下へコンセントを設置すると家具で隠れる心配はないが，建築平面図だけでは窓は掃出し用の窓か掃出し用でないか判別することが難しいため，建築の立面図を参照したほうがよい．

　コンセントが1口か2口か，またはアース付か，スイッチでは，スイッチは3路スイッチか，4路スイッチか，また，表示灯付であるかなどの傍記は配線を書き終えた後で記入する．

　使用目的が予想できないコンセントは，差込口数には関わらず一箇所につき150VAで容量計算されるため，このようなコンセントを設置する場合には差込口数は1口でも3口でもかまわない．一般的にはコンセントは2口のものが多いが，4口以上となる場合は1口増えるごとに150VAを加算して容量計算をしなければならない．

　電灯，コンセント，スイッチなどの強電設備と，電話，インターホン，LANなどの弱電設備とは別々の図面に書き分けられることが多い．しかし，弱電設備の設置数がそれほど多くない場合には一枚の図面に記入する場合がある．

　このような場合にはすべての電気器具の配置を終えた時点で図4.9に示すように弱電設備の配線用図記号を記入する．また，弱電設備については第7章で述べる．

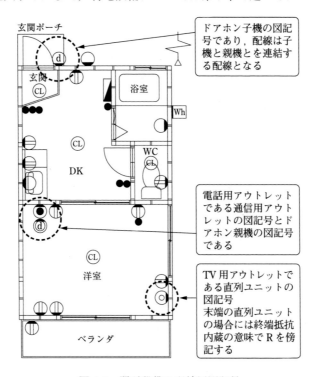

図4.9　弱電設備の配線用図記号

4.5　配線の手順

　建築平面図に配線用図記号の配置を終えて，配線工事と同様に各電気設備に対して使用する電気機械器具への配線を書き入れることになる．

　電気工事での配線と異なることは，平面図に書き込んだ配線用図記号への配線は単線で配線する単線配線図となることである．

　この単線による配線の書き方ひとつで電気設備図面としての仕上がりが大きく影響される．したがって，次に書き込む配線はどのように配置するのか考えながら，配線を書き込んでいく必要がある．

　また，分岐回路の構成は設計者の考え方次第で一通りでなく数多くの描き方がある．

　分岐回路は配線用図記号の配置や数に関わらず，必要最小限の分岐回路の設計から相当に余裕を取った設計まで自由に行うことができる．

　そこで電気を安全に供給できることを大前提として，配線時に必要とする考え方や配線の手順を平面図に記入しながら述べていく．

■ 4.5.1　配線方法の選択

　平面図に書き込んだ配線用図記号間を電線により配線をするが，この際に配線の手順をどのようにするのかをあらかじめ決めておく必要がある．

　配線の手順として以下に述べる二つの方法がある．

　一つはコンセント回路と電灯回路を併用した電気回路の配線方法と，もう一つはコンセント回路と電灯回路とを別々の電気回路に分離した配線方法である．

　木造や鉄骨造の住宅などは圧倒的に前者が多い．しかし，マンションなどの鉄筋コンクリート造の建物では構造上の問題で後者が多く用いられる．どちらの配線も一長一短があり，どちらが良いか悪いかを選択することは難しい．

　次に両者の特長を比較してみる．

(1) コンセント回路と電灯回路を併用した配線方式のほうが，配線量が少なく電線などの材料が少なくて済み経済的である．

(2) コンセントに差し込んだ電気機器に短絡などの事故や故障が発生した場合，コンセント回路と電灯回路を併用した回路では，その回路に接続されている照明も消灯してしまう欠点はあるが，局所的な範囲で済む．

(3) 照明器具とコンセントに差し込まれた電気機器が分離できる配線ではコンセント回路と電灯回路とを分離した配線方法のほうが保守を行うには容易である．

(4) 照明器具が接続された回路に事故や故障が発生した場合，コンセント回路と照明回路を分離した配線方法では広い範囲の照明が消灯してしまう．

　このような配線方法の選択は，最終的には発注者の希望によるところが大きいが，材料の

コストの面から考えればコンセント回路と電灯回路を併用した配線方法をおすすめする.

しかし, 住宅でも大型電気機器 (200 V 機器を含めて) が増えてきたことを考えれば, コンセント回路と電灯回路とを分離した配線方法のほうが増設等に対応しやすい.

IH クッキングヒータをはじめ, 今までの 200 V の業務用の電子レンジなどの大型電気機器が家庭用として販売され始めていることを考えると, 100 V のコンセント回路を 200 V の回路に変更するには分電盤で切り替えるだけで対応できる.

しかし, 電灯回路とコンセント回路を併用した配線方法を選択した場合には, 新たに 200 V のコンセント回路を増設するか, 内装を壊して新たに電灯回路とコンセント回路を分離しなければ対応することができないため注意する.

高齢化も進み, 家庭における裸火での火災が危惧され, IH クッキングヒータが注目を浴び, 省エネやエコ給湯や太陽光発電などと電気事情の大きな変化に伴い, 内線規程でも規定が緩和され, **図 4.10** (a) に示すように単相 3 線式の分岐回路により, 図 4.10 (b) (c) に示すような 100 V と 200 V のコンセントを併設して片寄せ配線とし, 将来の大型機器 (IH クッキングヒータなど) の増設に備えた配線を奨励し始めている.

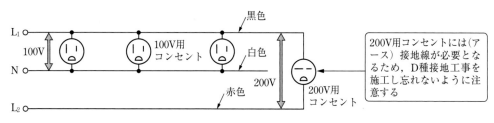

(a) 単相 3 線式分岐回路

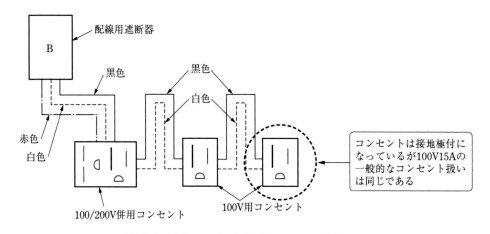

(b) 片寄せ配線の一例 (内線規程3605-1より抜粋)

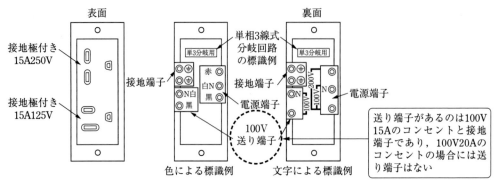

●100V回路用送り端子付100/200V併用コンセントの標識例（15A用）

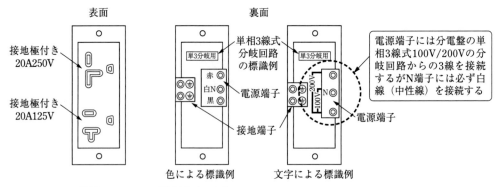

●100/200V併用コンセントの標識例（20A用）

（c）100/200V併用コンセントの標識例（内規資料1-3-18より抜粋）

図 4.10　コンセントへの配線

■ 4.5.2　分岐回路

分岐回路の種類は**表4.2**に示すように7種類ある．主流となっている分岐回路が20A配線用遮断器による分岐回路であり，定格15Aのコンセント（一般でいうところのコンセント）や公称直径が39 mm以下の電球などのねじ込み式ソケットを有する回路はこの分岐回路または15A分岐回路となる．

表 4.2　分岐回路の種類（内線規程3605-4より抜粋）

分岐回路の種類	分岐過電流遮断器の定格電流
15A 分岐回路	15A 以下
20A 配線用遮断器分岐回路	20A（配線用遮断器に限る）
20A 分岐回路	20A（ヒューズに限る）
30A 分岐回路	30A
40A 分岐回路	40A
50A 分岐回路	50A
50A を超える分岐回路	配線の許容電流以下

〔備考〕この表は，単相3線式分岐回路についても適用する．

使用電圧が100Vで20A（配線用遮断器を使用した場合に限る）の電灯，小型電気機械器具のそれぞれの分岐回路の負荷容量の合計は1500VA以下とし，常時3時間以上連続して運転する連続負荷を有する分岐回路においても，負荷容量は回路を保護する過電流遮断器の定格電流の80％以下としなければならないと「内規3605－3.3」に定められている．

15Aの分岐回路であれば，80％以下とは1200VA以下となり，通常の電灯などの負荷であれば1000VA程度を目安とすればよい．

小型電気機器とは消費電流6A以下（電動機では定格0.2kW）の家庭用電気機器では，専用の回路とする必要はなく他の負荷と回路を共有しても差し支えない．しかし，この上限を超える大型電気機器の場合で，特に10Aを超える据え置き型の電気機器については，単独の専用回路として別に分岐回路を設けなくてはならない．

大型電気機器に該当するものとしては，一般家庭ではエアコン，電子レンジ，食器洗浄機，オーブン，乾燥機（浴室乾燥換気扇も含む）などがある．

通常は大型電気機器には該当しなくとも予算や希望にもよるが単独の専用回路としたほうが良いものとしてパソコンや冷蔵庫がある．

パソコンは他の電気機器の故障などで電源が切れたとき，パソコンの故障やデータの損失につながるおそれがある．

冷蔵庫などでは海外の電気機器も多く輸入され使用されるようになり，200Vの電圧で使用するものや100Vであっても600Wを超えるようなものなど大型化していることが挙げられる．

キッチンやダイニングなどの分岐回路では，コンセント回路と電灯回路との併用や分離の配線方法による分岐回路に関わらず，使用目的が予想できないコンセントについても余裕のある構成にするのが好ましい．

■ 4.5.3　ジョイントボックスの設定

木造や鉄骨造などの配管を用いない配線でケーブル工事により施工する場合，電線の接続場所としてジョイントボックスやプルボックス（アウトレットボックス）などを使用する．

しかし，鉄筋コンクリート造では配管を要し，配管により施工する場合が多い．照明や分電盤などの裏ボックスやスイッチボックスおよび中継やアウトレットとしてのボックスとなり，ジョイントボックスとしての形で別に施工されることは少ない．

鉄筋コンクリート造でもリノベーション工事の場合では，先行した配管の経路や配管の太さが施工目的と合わなくなる．したがって，配管を再利用できない部分はケーブル工事で施工されることになるため，ジョイントボックスを使用する場合が多くなる．

屋内配線図ではジョイントボックスの図記号を省略する書き方と，ジョイントボックスの図記号を省略せずに施工図どおりに書き込む場合の二つの方法がある．

ジョイントボックスの図記号を省略する場合は，**図4.11**に示すように照明器具やスイッ

チの図記号からの配線に交差する線が数多く出ることになるため，書き方によっては図面が見にくくなる．しかし，ジョイントボックスの図記号を配置する必要がないため，平面図中の限られた余白に他の電気機械器具の図記号の配置や配線をすることが容易になる．

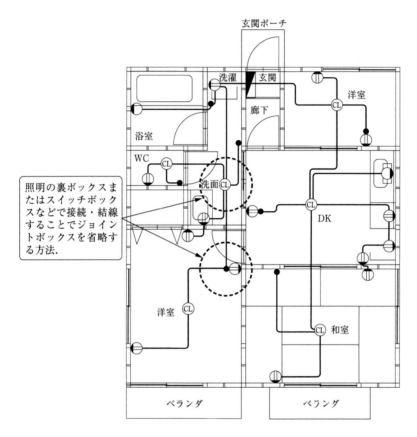

図 4.11　ジョイントボックスの図記号を省略した場合

　ジョイントボックスの図記号を省略しない場合は，**図 4.12** に示すように照明器具などの図記号とともにジョイントボックスの図記号を書き入れるため，配線用図記号の配置や配線が困難になる場合が生じる．

　しかし，配線はジョイントボックスに集中するため，電灯，コンセント，スイッチなどの配線用図記号や図面全体が見やすくなる場合もある．

　ジョイントボックスの図記号を省略する方法と省略しない方法の折衷による方法もあるが，ここでは述べないこととする．

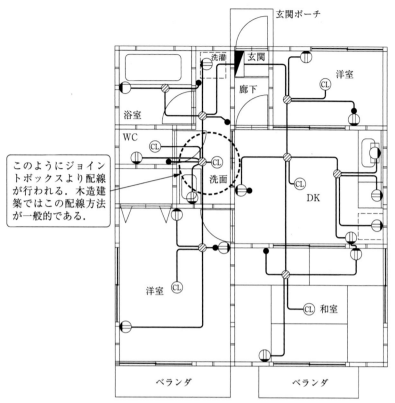

図 4.12 ジョイントボックスの図記号を用いた場合

ジョイントボックスの図記号を省略しないで記入する場合，ジョイントボックスの位置は，**図 4.13** に示すように分電盤から出た分岐回路の幹線が直線上に，あるいは垂直線上に書けるように並べたほうが配線しやすく，設備図を見やすくすることができる．同時にジョイントボックスは照明とスイッチの中間のライン上に置いたほうが，他の配線用器具の図記号にも配線を行いやすい場合が多い．

配線用図記号の配置を終えてから，その配置の全体の並び方を見た上で，どの方法を選択するかを決定する．

図 4.13 ジョイントボックスの位置の選定

■ 4.5.4　器具への配線の記入

電気器具に配線を接続する際に注意することは，建築平面図の外壁や間仕切りなどの線と配線とが重なると見にくくなるため，平面図の線から離して水平や垂直の線を書くほか，間仕切りや建具および外壁などの線と見分けがつくように強く濃く書くようにする．

また，配線が直角に曲がる場合は，角は丸みを付けて書くことで平面図の線と配線の線とを見分けがつきやすく書くことができる．

建築平面図の外壁や間仕切りなどの線と配線とが重なることを避けて斜めの線を多用すると，図面全体が乱雑に見えてまとまりがなくなる場合があるため注意する．

表 4.3　配線と図記号 （JIS C 0303 より抜粋）

名　　称	図記号	適　　用
天井隠ぺい配線	———	a) 天井隠ぺい配線のうち天井ふところ内配線は，天井ふところ —・— を用いてよい．
床隠ぺい配線	- - - - -	b) 床面露出配線及び二重床配線の図記号は，—・・— を用いてもよい．
露　出　配　線	・・・・・・	c) 電線の種類を示す必要のある場合は，表1の記号を記入する．

表1　電線の記号

記号	電線の種類	記号	電線の種類
IV	600Vビニル絶縁電線	CVT	600V又は高圧架橋ポリ
HIV	600V二種ビニル絶縁電線		エチレン絶縁ビニルシースケーブル （単心3本
OW	屋外用ビニル絶縁電線		のより線）
DV	引込用ビニル絶縁電線	VVF	600Vビニル絶縁ビニルシースケーブル （平形）
CV	600V又は高圧架橋ポリエチレン絶縁ビニルシースケーブル	VVR	600Vビニル絶縁ビニルシースケーブル （丸形）

d) 絶縁電線の太さ及び電線数は，次のように記入する．
単位の明らかな場合は，単位を省略してもよい．ただし，2.0は直径，2は断面積を示す．

　　例　—//—　—//—　—//—　—//—
　　　　 1.6　　 2.0　　 2　　　 8

　　数字の傍記の例　———
　　　　　　　　　　　 1.6×5
　　　　　　　　　　　 5.5×1

ただし，仕様書などで電線の太さ及び電線数が明らかな場合は，記入しなくてもよい．

e) ケーブルの太さ及び線心数 （又は対数） は，次のように記入し，必要に応じ電圧を記入する．

　　例　1.6 mm　　3心の場合　———
　　　　　　　　　　　　　　　 1.6−3C

　　　　0.5 mm　　100対の場合　———
　　　　　　　　　　　　　　　　 0.5−100P

ただし，仕様書などでケーブルの太さ及び線心数が明らかな場合は，記入しなくてもよい．

f) 電線の接続点は，次による．

　配線は**表 4.3**に示す配線用図記号による．隠ぺい配線の場合には実線，露出配線の場合には破線，床下隠ぺい配線の場合には長破線で書くことになっている．

　分電盤が設置される付近は**図 4.14**に示すように，電気設備も多く図記号も密集していることが多く，分電盤から遠くにある負荷で，特に大型電気機器（エアコンなど）への配線の経路は途中にある図記号を貫通しないように経路を確保しておく．

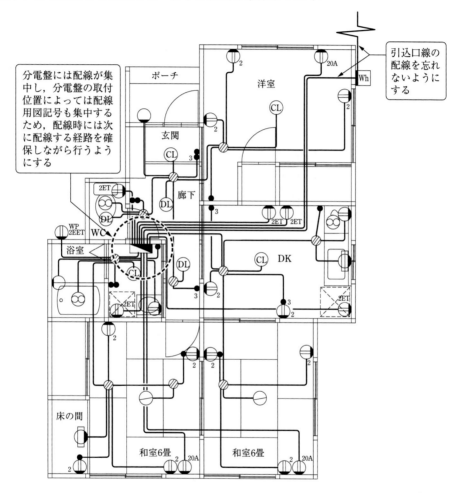

図 4.14　配線の経路

　確保した経路を通すように分電盤から遠い場所にあるエアコンなどの大型電気機器等の電気器具に配線を行い，順に分電盤に近い大型電気機器へと配線を行っていく．したがって，屋内の電気器具への配線を行う前に電気メータの図記号と分電盤の図記号間および電力量計の図記号から引込線取付点（受電点）の図記号間の引込口線（幹線）の配線を書き忘れないように注意する．

　大型電気機器への専用回路の配線を終えたら，次に照明器具やコンセントなどへの分岐回路の配線を行うことになる．

　電気器具への配線を行う際には，分電盤から最初のジョイントボックスへ電源からの配線を行い，ジョイントボックスから電灯やコンセントの図記号へと，木の幹から枝分かれしていくように配線を行うことで，電源からの配線の書き落とし等のミスが少なくなる．

　また，電源を接続していない電気器具を見つけやすいなどのほかに，配線を接続する度に回路の負荷容量を加算していくことで，配線を接続する電気器具の範囲の目安がつけやすくなる．

　このように部屋ごとに分岐回路からの配線を区切るような形の回路分けだけではなく，他の電気器具をその回路に接続すべきかの判断もつきやすい．

　ただし，専用回路以外で 15A 分岐回路や 20A 配線用遮断器による分岐回路の配線を始めた場合には，その回路に接続する電気器具への配線を終えるまでは，他の分岐回路の配線に移らないよう注意する．

　このように区分を付けて配線を行っていかないと回路の混同や電源の書き忘れなどのミスが生じるおそれがある．したがって，着実に 1 回路ずつ書き上げていくことが大切である．

　次に屋内配線を書き入れて行く手順の一例を図 4.15 に示す．配線の手順を 6 段階に分けて，新たに書き加えた部分を濃く表示してある．

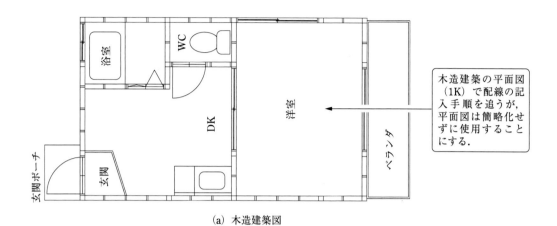

木造建築の平面図
（1K）で配線の記
入手順を追うが,
平面図は簡略化せ
ずに使用すること
にする.

(a) 木造建築図

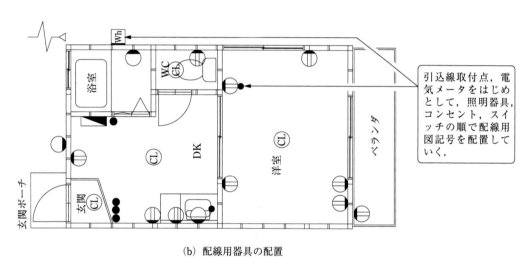

引込線取付点, 電
気メータをはじめ
として, 照明器具,
コンセント, スイ
ッチの順で配線用
図記号を配置して
いく.

(b) 配線用器具の配置

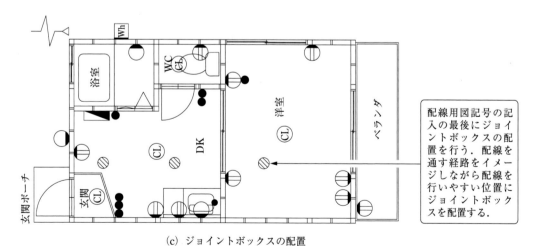

配線用図記号の記
入の最後にジョイ
ントボックスの配
置を行う. 配線を
通す経路をイメー
ジしながら配線を
行いやすい位置に
ジョイントボック
スを配置する.

(c) ジョイントボックスの配置

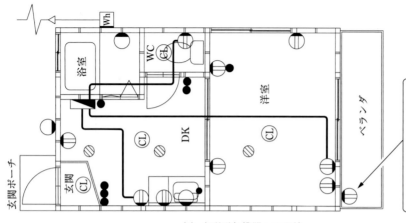

(d) 大型電気機器への配線

配線を行う際には専用回路から配線を記入していくが,電灯コンセントの配線や交差が行いやすいように経路を考えて配線する.引込口配線もこの時点で配線するとよい.

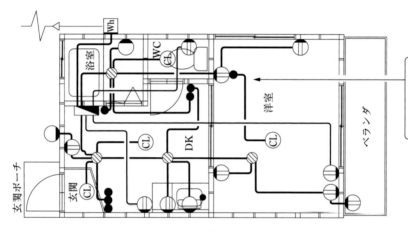

(e) 配線器具への配線及び傍記

分電盤から配線用図記号に配線を行うが,この枝のように分電盤から近い図記号から遠い図記号へ配線する.

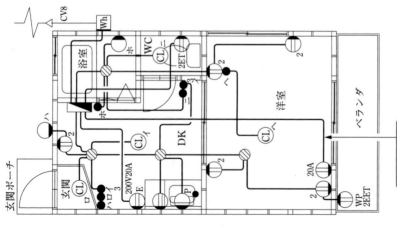

(f) 部屋の用途の記入

スイッチやコンセントへの傍記を行う.部屋の用途は最後に空きスペースに記入する.

図 4.15　配線の手順の一例

■ 4.5.5　配線の交差

　配線を書き入れていく中で，どうしても避けることができないのが配線と配線との交差である．この場合には**図4.16**（a）に示すように，交差される配線の手前で交差する配線を止め，交差し終えたところから直線で書き進める．この際に，交差後の配線が交差前の配線とずれないように配線し，相手の配線との間では，必ず空間ができるようにする．複数本の配線が交差する場合は，交差される側の向きと，交差する側の向きが入れ替わらないように注意する．

　基本的に照明器具などの図記号上で交差しないように考えて書き入れていかなければならない．しかし，電気器具が密集している場合など配線と電気器具との交差が避け難い場合や

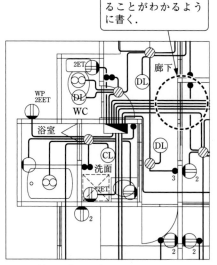

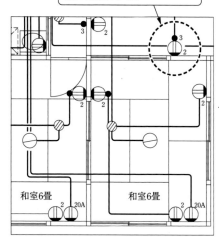

（a）配線と配線が交差する場合　　　　　　（b）電気器具と配線が交差する場合

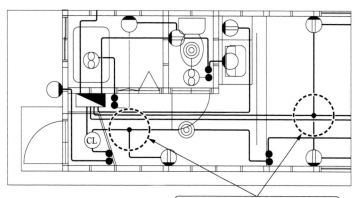

（c）配線に接続点を用いる場合

図4.16　配線と配線および電気器具との交差

避けることで返って見にくくなる場合は，図4.16（b）に示すように配線と配線との交差の場合と同様，接続されていないことが明らかであるように交差させる．

　ジョイントボックスの図記号を省略して書く場合，電気器具からすべての配線を分岐していくと配線しにくくなる場合がある．この際は，配線上から線を分岐することで避けることができるが，図4.16（c）に示すように配線と配線が接続されていることが明らかになるように，接続点を設けなければならない．また，接続点の図記号とスイッチの図記号を混同しないように，きちんと書き分ける必要がある．

　ジョイントボックスの図記号を省略して書く場合は，実際の配線経路を書き示すのではなく，負荷がどの分岐回路に属するのかを強調して書き示す場合などに多く用いられ，この場合には配線用図記号は負荷の配置だけ行い，負荷ではないスイッチなど配線用図記号を配置しないことが多い．電力会社に電気使用申込を行う場合などは，電力会社が必要とする情報を明確することで，それ以外のあまり重要ではない情報を最大限に省略して図面を書く場合もある．

■ 4.5.6　各分岐回路の負荷容量記入表の用意

　平面図に配置された電気器具を配線で接続する前に，**表4.4**に示す各分岐回路の負荷容量記入表（以下，記入表とする）をメモ帳や不要な紙があれば，そこに書き写す．

　記入表の行が回路数を表し，列は負荷の種類をC（コンセント），L（白熱球の照明），FL（蛍光灯の照明）を表している．

　これに当てはまらないエアコンなどの大型電気機器やはっきりと容量がわかっている負荷の場合には名称とその容量を記入表に記入する．

　図4.4に示した容量〔VA〕欄の負荷は一例であり，実際に設備される負荷の項目と容量を記入すればよい．注意しなくてはならないことは，容量というのは出力のW（ワット）ではないことである．日常，電気製品で目にする容量を示す値はWまたはkW（キロワット）で表示されている．この値は電気製品がどれだけの仕事をするかを表しているもので，使用時にどれだけの入力があるかを表したものではない．

　入力の単位にVA（ボルトアンペア）があり，負荷の運転時（使用時）の電流に電圧を乗じた値で皮相電力という．逆に皮相電力の値がわかれば使用電圧で除することにより運転電流の値を求めることができる．

　したがって，使用目的が予測できないコンセントのように150VAと想定された入力に換算したものはよいが，照明器具や換気扇，エアコンなどはその容量がWで表示されている製品が多いため，入力の値をVAに換算しなければならない．

　まず照明器具について見ると，白熱球類と放電灯類の2種類に大別することができる．白熱球類の場合，力率は1でヒータ類と同様に出力の数値を1で割っても数値自体は変わらないため，そのままVAに直せると考えても差し支えない．

表 4.4 表への負荷容量の項目記入例

容量[VA]	L 60W [60]	L 100W [100]	L 60W×6 [360]	FL 20W [36]	FL 20W×4 [36]×4	FLC 30+40W [36]+[86]	C 150VA	エアコン 100V 941VA	電子レンジ 100V 1450VA	換気扇 20W 25VA	エアコン 1φ200V 2549VA	合計 [VA]	L₁相	L₂相	回路番号
回路数															
2															
3															
4															
5															
6															
7															
8															
9															
10															
11															
12															
―															
計															

注記（吹き出し）:

- 白熱球類で力率が1であるためWと[ ]内の数字は同じである
- 蛍光灯でWと[ ]内の数字が異なるのは力率が1でないためである
- この項目は用途不確定のコンセントで口数ではない。1箇所につき150VAである
- 各回路の合計の値がすべて出たら近い値の回路同士をL_1とL_2に分ける
- L_1とL_2を振り分けた結果を各回路に番号を振っていき、これを分電盤の回路番号とする
- 分電盤での回路分けとは異なり、回路分けされる分岐回路の数を表している
- 4番目に記入表に書き始めた回路と用途不確定なコンセントが3箇所接続されていた場合にはこの欄に3と記入する

　これらの照明器具の電球（100V の定格電圧のもの）として代表的な電球にはシリカ電球，クリプトン電球，リフレクタランプ，ハロゲン電球，ビーム球などがある．ただし，ハロゲン電球などで電圧を 100V から 24V などへ変圧する場合などは変圧器の銘板を参考にするとよい．

　また，放電灯類は安定器を用いて放電灯を点灯させるため照明器具内に変圧器やリアクトルが組み込まれており，器具の力率が悪く 50 ％程度の値のものが多い．

　蛍光灯には力率を改善した高力率のものと力率を改善していない低力率のものとに分かれているが，入力換算時には低力率の蛍光灯で考えればよい．

　力率を一律に 50 ％と考えて蛍光灯の W 数を力率の 0.5 で割って，得られた数値を入力値（VA）として用いても，設計する上で容量全体の値に影響する程の大きな値の誤差は生じない．また，スタータ式安定器を用いた蛍光灯では表 4.5 に蛍光灯の入力の参考値が示されているので，記入表の項目を作成する場合の参考にすればよい．

表 4.5　スタータ式安定器を用いた蛍光灯（内規資料 3-6-3 より抜粋）

ランプ形式	ランプ定格消費電力 〔W〕	定格電圧 〔V〕	低力率			高力率		
			入力電流 〔A〕	入力 〔W〕	予熱時電流 〔A〕	入力電流 〔A〕	入力 〔W〕	予熱時電流 〔A〕
FL10	10	100	0.23	13	0.32	0.14	13	0.17
FL15	15	100	0.30	18.5	0.42	0.20	18	0.27
FL20S FCL20	20	100	0.36	22	0.57	0.25	23	0.40
FL20SS/18	18		0.35	21.5		0.25	21.5	
FL30S FCL30	30	100	0.61	34	0.85	0.39	36	0.52
FCL30/28	28		0.60	32		0.36	34	
FL40S FCL40	40	100	0.88	47	1.30	0.54	49	0.79
FL40SS/37	37		0.86	44		0.51	46.5	
FCL40/38	38							
FL40S FCL40	40	100	0.42	44	0.62	0.25	44	0.37
FL40SS/37	37		0.41	42		0.23	41.5	
FCL40/38	38							

　他にも高輝度放電灯として高圧水銀灯やナトリウム灯，メタルハライドランプやキセノンランプなどがある．これらの放電灯の入力は表 4.6 に示す水銀灯用およびメタルハライド灯用安定器での入力値を参考にするか，正確に容量を知る必要がある場合は照明器具の仕様書や銘板などの値を参考にすればよい．

　照明器具の種類が何も決定していない場合，居室やキッチンでは 150 ～ 200VA，居間などでは 400VA，それ以外のトイレや廊下などでは一律に 100VA を目安としても差し支えない．

表 4.6 水銀灯用及びメタルハライド灯用安定器を用いた放電灯（内規資料 3-6-4 より抜粋）

大きさ〔W〕	定格電圧〔V〕	低力率			高力率		
		入力電流〔A〕	入力〔W〕	始動電流〔A〕	入力電流〔A〕	入力〔W〕	始動電流〔A〕
H40	100	1.2	55	1.7	0.6	54	0.75
	200	0.53	48	0.75	0.27	48	0.38
H80	100	1.9	98	2.8	1.1	99	1.7
	200	0.8	90	1.3	0.5	90	0.8
H100	100	2.4	120	3.5	1.3	120	2.1
(M100L)	200	1.0	116	1.6	0.64	116	1.0
H200	100	4.3	228	6.3	2.6	228	3.8
	200	1.9	220	3.0	1.2	220	2.1
H250	100	4.8	275	8.0	3.0	275	5.2
(M250L)	200	2.1	267	3.5	1.5	267	2.6
H300	100	5.6	330	9.5	3.6	330	6.5
(M300L)	200	2.5	318	4.3	1.75	318	3.5
H400	100	7.5	435	12.5	4.9	435	8.7
(M400L)	200	3.3	425	5.7	2.3	425	4.0
H700	100	14	750	22	8.5	765	13
(M700L)	200	5.9	740	9.8	4.1	740	7.0
H1,000	100	20	1,075	32	12.0	1,090	20
(M1,000L)	200	8.3	1,050	13.7	5.8	1,050	10

（注）低始動電流型については，使用する安定器の特性値を確認すること．

その他の電気機器で炊飯器やポット，ホットカーペット，オーブントースタなどはヒータ類と同様と考えてよい．

換気扇類は 15 W～20 数 W 程度のものが多く，換気扇のモータの力率は 80 % 程度である．蛍光灯の場合と同様に電力を力率 0.8 で割れば入力値に換算することができる．

エアコン，電子レンジ，IH クッキングヒータなどの大型電気機器は仕様書や銘板を参考にするとよい．

大型電気機器を使用する予定はあるが具体的に何も決まっていない場合，6～8 畳用程度のエアコンならば 800～1 200 VA，10～12 畳用程度のエアコンや電子レンジならば 1 200～1 400 VA 程度の値を目安として用いても差し支えない．

分岐回路を単独の専用回路とする場合には，その容量を一律に 1 500 VA と考えれば相当に余裕を持って容量を設定することができる．

この記入表へは電気器具に配線を接続する度に，接続した電気器具の負荷容量の欄に接続した数を記入していく．

コンセントに配線を接続したら，記入表のコンセント（150 VA）の項目と配線を行っている回路番号の行との交差した空欄に配線したコンセントの数を書き入れる．

照明器具に配線を接続すると，その照明器具の容量の項目と配線している番号の行との交差した空欄に配線した照明器具の数を記入する．

　ただし，記入表の行の番号は分電盤での回路番号とは異なるので，そのまま回路番号としないように注意することが必要である．

　1回路の配線を終えたら，その回路の合計値〔VA〕を合計欄に記入する．

　単相200 Vのエアコンや IH クッキングヒータなどの大型電気機器の200 V回路の場合も合計欄に容量を記入しておく．IHクッキングヒータなどでは最大の運転電流値や定格電流値が表示されている場合には電流値と電圧値を掛けた数値を容量とすればよい．

　図4.15で電気設備を段階的に書き入れて電気器具への配線を終えた平面図の記入表の一例を**表4.7**に示す．ここで照明器具は，洋室を FL 20 W の4灯用とし，台所を FL 20 W の3灯用，手元灯には FL 20 W の1灯用，それ以外の照明器具では白熱球の60 Wと仮定した．

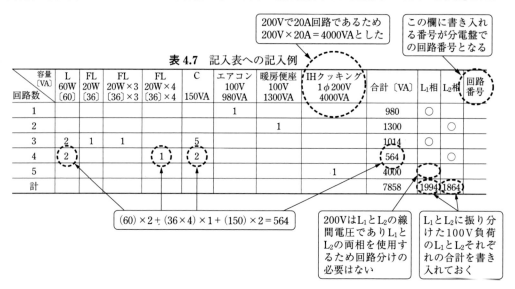

表4.7　記入表への記入例

容量〔VA〕 回路数	L 60W 〔60〕	FL 20W 〔36〕	FL 20W×3 〔36〕×3	FL 20W×4 〔36〕×4	C 150VA	エアコン 100V 980VA	暖房便座 100V 1300VA	IHクッキング 1φ200V 4000VA	合計〔VA〕	L₁相	L₂相	回路番号
1						1			980	○		
2							1		1300			
3	2	1	1		5				1014			
4	2			1	2				564		○	
5								1	4000			
計									7858	1994	1864	

- 200Vで20A回路であるため 200V×20A＝4000VAとした
- この欄に書き入れる番号が分電盤での回路番号となる
- (60)×2＋(36×4)×1＋(150)×2＝564
- 200VはL₁とL₂の線間電圧でありL₁とL₂の両相を使用するため回路分けの必要はない
- L₁とL₂に振り分けた100V負荷のL₁とL₂それぞれの合計を書き入れておく

■ 4.5.7　配線用図記号への傍記

　電気器具への配線を終えた段階で照明器具，スイッチ，コンセントへの傍記を行う．照明器具の場合には，照明器具の型番，容量などは配線用図記号に傍記せずに，仕様欄を別の図面に作成して記入する場合が多い．

　平面図中に照明器具の仕様を書く余白がない場合で，仕様をどうしても傍記したい場合には，引出し線で照明器具の図記号から平面図の外の余白に引き出して**図4.17**に示すように仕様や特記事項を書き入れることができる．

　一般的にはコンセントの高さは床の仕上りから250 mm前後の高さを中心に配置されていることが多い．しかし，冷蔵庫や電子レンジ台の上にコンセントが配置されるように施工してほしい場合には，FL＋900（床の仕上り面であるフロアラインから900 mm）などと書き加えることで高さを指定することができる．

　引出し線を使えば照明器具の型番や特別な電気機械器具の仕様を書き入れる際も便利に使用することができる．しかし，多用することは避けなくてはならない．

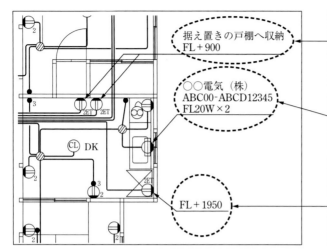

据え置きの戸棚へ収納
FL + 900

○○電気（株）
ABC00-ABCD12345
FL20W×2

FL + 1950

FL＋900はフロアライン（床の仕上り面）から900mmの高さを中心にコンセントを配置し，この場所に置かれる戸棚の中にコンセントを取り付けるように指示している

照明器具の型番やメーカー名など，特に注意をうながしたり他の場所の照明器具と取付間違いのないように指示する場合もある

流し台の隣の冷蔵庫スペースのコンセントの高さを床の仕上り面から1950mmの高さを中心として設備することで冷蔵庫をスペースに収めてもコンセントが冷蔵庫で隠れないように指示している

図 4.17 引出し線による記載例

　スイッチの場合には，3路スイッチの3や4路スイッチの4のほか，調光器（ライトコントロール）の矢印などを傍記する．特に，スイッチが集合している場合やスイッチと照明器具の関係が判断しにくい場合はイロハなどと傍記し，そのスイッチで点滅できる照明器具の配線用図記号に併せて傍記する場合もある．

　コンセントの場合には，差込口数，接地端子，接地極などを傍記するが，100V 15Aのコンセントには定格電圧や定格電流は傍記しない．しかし，100V 20Aや30A，200V 15Aや20Aなどの場合は，差込口数，接地端子や接地極などの傍記のほかに定格電圧や定格電流の値を必ず傍記する．配線用図記号への傍記の一例を**図4.18**に示す．

　屋内配線はケーブル工事が主流であり，最も多く使用されているケーブルはビニル絶縁ビニル外装ケーブル（VV）である．また，引込口線などの幹線では600V架橋ポリエチレン絶縁ビニル外装ケーブル（CV）なども使用されている．平面図に書き入れた配線には，**図4.19**に示すように傍記する．

　ただし，屋内配線ではほとんどの場合，VVケーブルを使用しているので傍記を省略することが多い．特別にケーブルを指定したい場合や配管などの工事方法を指定する場合には傍記するか，ケーブルの種類や配線の工事方法を仕様欄で指定する場合が多い．電線の太さや電線数もほとんどの場合に省略されている．

　屋内配線では**表4.8**（a）および（b）に示すように分岐回路の種類や配線距離によって使用できる電線の最小の太さが規定されている．また，平面図上に書き入れた配線の電線数は，点滅回路やコンセント回路の配線用図記号の配置と配線の接続との関係で最少電線数が決まるため，弱電設備の電話線などのように将来の増設のための予備配線を用意することは少ない．

　したがって，必要最少電線数の配線では支障が生じる場合や，電線数や太さがわかっている場合でも仕様を指定したい幹線や引込口線などでは必ず仕様を傍記する．

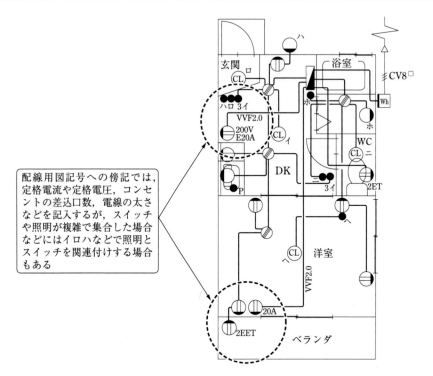

配線用図記号への傍記では，定格電流や定格電圧，コンセントの差込口数，電線の太さなどを記入するが，スイッチや照明が複雑で集合した場合などにはイロハなどで照明とスイッチを関連付けする場合もある

図 4.18　配線用図記号への傍記例

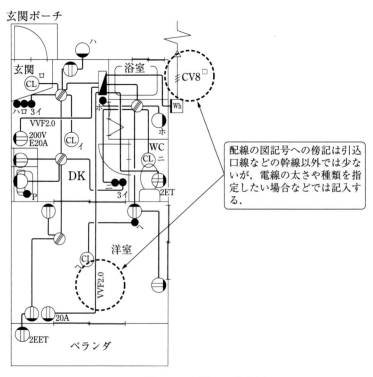

配線の図記号への傍記は引込口線などの幹線以外では少ないが，電線の太さや種類を指定したい場合などでは記入する．

図 4.19　配線への傍記例

表 4.8 分岐回路と電線の太さ

(a) 分岐回路の電線太さ　　　　　　　　　　　　　　　（内線規程3605-6より抜粋）

分岐回路の種類	分岐回路一般		分岐点から1つの受口（コンセントを除く。）に至る部分（長さが3m以下の場合に限る。）
	銅　線	ライティングダクト	銅　線
15A	直径 1.6 mm（断面積 1.0 mm²）	15A のもの	———————
20A 配線用遮断器	直径 1.6 mm（断面積 1.0 mm²）	15A 又は20A のもの	
20A（ヒューズに限る。）	直径 2.0 mm（断面積 1.5 mm²）	20A のもの	直径 1.6 mm（断面積 1.0 mm²）
30A	直径 2.6 mm（断面積 2.5 mm²）	30A のもの	直径 1.6 mm（断面積 1.0 mm²）
40A	断面積 8 mm²（断面積 6 mm²）		直径 2.0 mm（断面積 1.5 mm²）
50A	断面積 14 mm²（断面積 10 mm²）		直径 2.0 mm（断面積 1.5 mm²）
50A を超えるもの	当該過電流遮断器の定格電流以上の容量電流を有するもの		

〔備考1〕　分岐点から1つの受口に至る部分欄の － については部分回路一般欄で規定している電線太さ以上のものを使用すれば長さ3 m以下に限らなくとも良いことを示す。
〔備考2〕　銅線の（　）はMIケーブルの場合を示す．
〔備考3〕　電光サイン装置のように，一定した負荷の場合において最大使用電流が5 A以下のものは，全回路にわたり銅電線1.6 mmを使用することができる．
〔備考4〕　ライティングダクトは，ダクト本体に表示された定格電流をいう．
〔備考5〕　この表は，単相3線式分岐回路についても適用する．

(b) 15A分岐回路及び20A配線用遮断器分岐回路の電線太さ　　　　（内線規程3605-7より抜粋）

分岐過電流遮断器から最終受口までの電線こう長	例　図	電線の太さ〔mm〕		備　考
		a	b	
20 m以下		1.6	———————	
20 m超過30 m以下		1.6	2.0	bは，分岐過電流遮断器から最初の受口の分岐点までを示す。
30 m超過40 m以下		1.6	2.0	aは，1個の受口に至る部分を示す。

■ 4.5.8　回路番号の記入

　回路番号は配線の傍に他の図記号を避けて書き入れる．しかし，分岐の回路数が多く，分電盤に直接配線が書き込めない場合など，**図 4.20**（a）に示すように矢印の図記号を分電盤に向かって書き，矢印の先に回路番号を書くことで，分電盤の何番の回路に接続されているかを示すことができる．

　この場合，全体のバランスを考えずに矢印の図記号を書き進めると，逆に煩雑になるので書き方に注意する．それでも避けられずに，煩雑になると判断できる場合には，図 4.20（b）に示すように書き込むことで簡略化する方法もある．

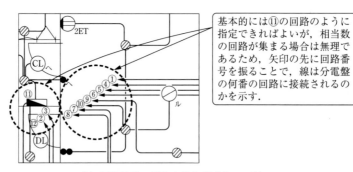

基本的には⑪の回路のように
指定できればよいが，相当数
の回路が集まる場合は無理で
あるため，矢印の先に回路番
号を振ることで，線は分電盤
の何番の回路に接続されるの
かを示す．

(a)　回路番号の記入方法と簡略化の一例

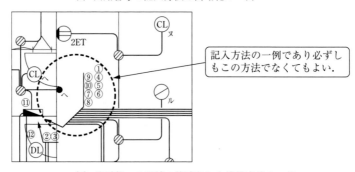

記入方法の一例であり必ずし
もこの方法でなくてもよい．

(b)　分電盤への配線の簡略化した接続方法の一例

図 4.20　回路番号の記入例

　単相 3 線式回路での回路番号の決定は，幹線の L_1 相と L_2 相の両相のバランスを考えた上で決定しなくてはならない．そこで記入表を用いて L_1 相にするのか，L_2 相にするのか 100 V 回路の振り分けを考える．

　L_1 相と決めた場合，記入表の L_1 相に丸印を付けておき，丸印を付けた回路と同じ程度の合計容量となる回路を選択し L_2 相として丸印を付ける．

　この作業を繰り返してすべての回路を L_1 相か L_2 相に割り振り，L_1 相側に丸印が付いた回路に奇数の回路番号を付け，L_2 相側に丸印が付いた回路に偶数の回路番号を付ける．

　番号を付ける際に，エアコン用の専用回路など大型電気機器の単独の専用回路から奇数番号や偶数番号を振り分けるなど，番号の順番を整理しておくと保守を行う上でも便利である．

　また，200 Vの回路の場合，単相3線式電路でL_1とL_2の両相を使用し100 V回路のように幹線のバランスには関係なく割り振りを行うことができるため，100 Vの分岐回路での回路番号の振り分けを終えた後に，200 Vの分岐回路の番号を振り当てていく．

　ここで振り分けた回路番号が分電盤での回路番号となる．この回路番号をそれぞれの配線の傍の他の配線用図記号などの余白に書き込む．

　書き込み終えた平面図の一例を**図4.21**に示す．

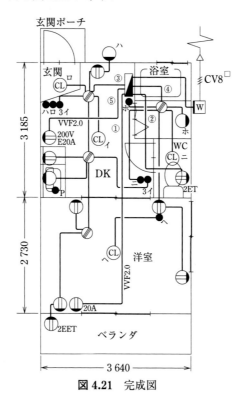

図4.21　完成図

4.6　木造住宅（2階建て）の配線設計

　東京などの大都市地域の木造建築は土地などの事情から2階建て，あるいは3階建てのものが多い．

　木造建築が平屋であるか，2階建てであるかに関わらず設計上は大きな違いはないが，平面図をトレースする場合には，第3章で述べたように1階と2階の重なりを明確にしなくてはならない．

　特に，階段は矢印で上り下りの方向を示すほか，段を正確に書き，階段であることを示す必要がある．しかし，建物の階段が緩く平面図からでは階段とわかりにくい場合は，実際の段数にこだわらずに階段らしく書くことが大切である．

　図4.22に単線で簡略化した2階建ての平面図の一例を示す．

　分電盤の位置は1階でも2階でもかまわないが，引込口線の配線の長さが8mを超える場合には，8m以内に主開閉器を設置しなければならない．

　主開閉器は屋内でも屋外に施設してもかまわないが，屋外に設置する場合に防水の箱に収めるなどするか，他人が悪戯で主開閉器を開閉することを防ぐなどの雨水や保安に対して十分な注意が必要である．

　屋内配線は1階と2階とを接続することになるが，この場合は立上げ，立下げの図記号を使用して電線が接続されていることを示す．

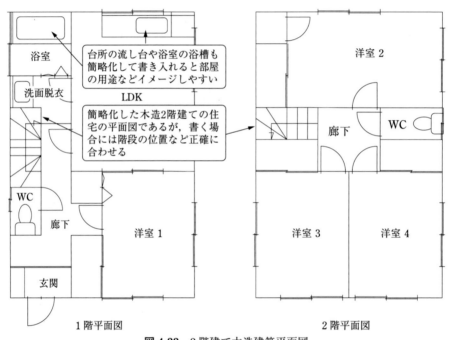

図4.22　2階建て木造建築平面図

　2階の天井部分から立ち下げる場合は，**図4.23**に示すように配線は壁を貫通するので，立下げの図記号も外壁や間仕切りの部分に書き入れ，その真下に当たる1階の天井部分に立下げの図記号を書き入れることで，配線が接続されていることを示す．電気器具の配置，配線方法や手順は平屋の住宅の場合と同様である．図4.20で示した平面図の配線図記入後の一例を**図4.24**に示す．

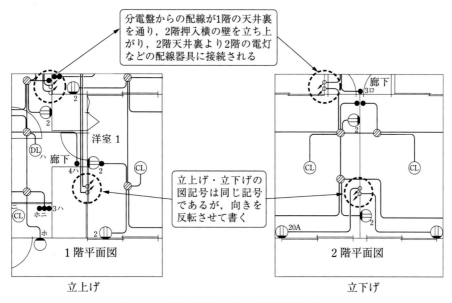

図 4.23 立上げと立下げの配線用図記号

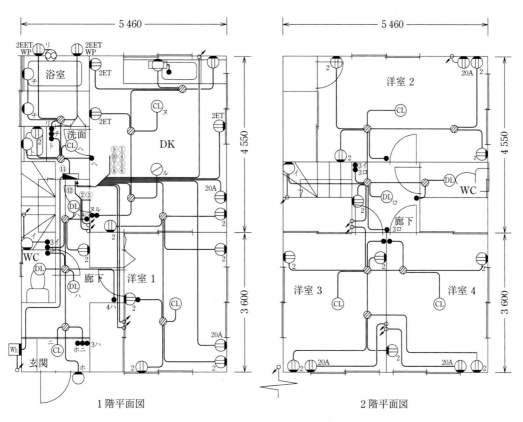

図 4.24 2階建て木造建築完成図

4.7 鉄筋コンクリート造と鉄骨造の住宅の配線設計

鉄筋コンクリート造の場合，梁と柱で支えるラーメン構造のものが多いが，梁や柱を除く外壁の厚みは躯体自体で150 mm以上ある．また壁の仕上りまでの厚さは200 mmを超えることが多い．このラーメン構造は鉄筋コンクリート造や鉄骨造の建物の多くに使われているため，平面図でも柱が大きくせり出している．

一方，壁式構造のものもあり，鉄筋コンクリート造では壁の厚さが躯体で200 mmを超える．仕上りまでの厚さでは250～300 mmは間違いなくある．

ラーメン構造は梁と柱で建物を支えているが，壁式構造では梁が壁に含まれており木造の2×4住宅と同様に壁（耐力壁など）で建物を支えているためである．

木造の2×4住宅では建物の重量が軽いため，壁の厚さは日本の在来工法のものと尺貫法とインチ法の違いであり大差はない．

しかし，鉄筋コンクリート造や鉄骨造では外壁や構造壁の厚さを無視できなくなる．

したがって，鉄筋コンクリート造や鉄骨造の場合，単線で簡略化して平面図を書くために寸法の誤差に悩むよりも，**図4.25**に示すように建築平面図を忠実にトレースしたほうが早く書ける場合が多い．コンクリートの躯体は簡略化しにくいが，内装の間仕切りや扉，窓枠などは簡略化して描いても差し支えない．

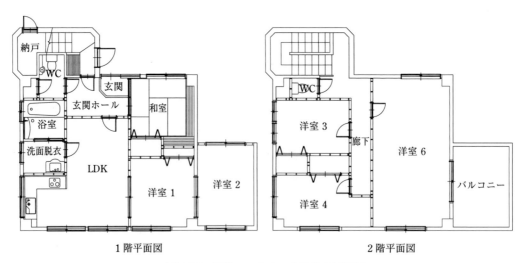

1階平面図　　　　　　　　　　2階平面図

図4.25 鉄筋コンクリート造住宅平面図

配線では，鉄筋コンクリート造の場合，CD管での先行配管を行い，コンクリートを打ち込んでから通線（入線）する配管方式によるものが多いため，ジョイントボックスの図記号を配置することは少ない．鉄骨造の場合には鉄骨を組み上げてスラブ（構造床）を敷いた後に外壁の施工が行われるため，配線工事としてはケーブル配線によることが多い．

したがって，ジョイントボックスは設置されている場合が多いため，ジョイントボックス

の図記号を配置するか，省略するかを選択する．

　鉄筋コンクリート造や鉄骨造の場合も2階建て木造住宅と同様の手順で配線の設計を行い，別階への配線の立上げや立下げの図記号の配置も同様に行う．

　図4.25で示した鉄筋コンクリート造の配線図記入後の一例を**図4.26**に示す．

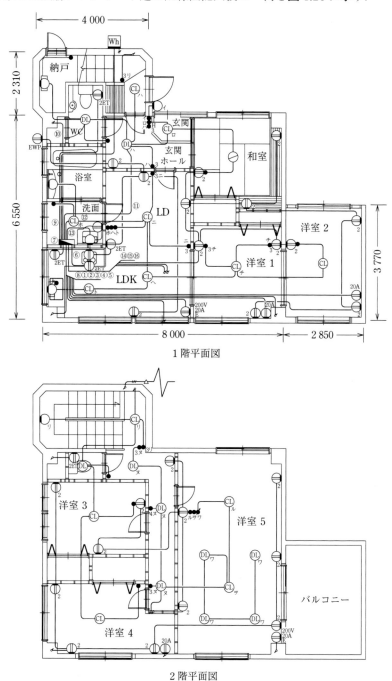

図 4.26 鉄筋コンクリート造住宅配線図

屋内配線の配線設計

　住宅の屋内配線では建築平面図に電気器具を配置し，それぞれの電気器具間の配線を行ったが，この時点では引込取付点から電気メータを経由し主開閉器に至る引込口線（幹線）の配線で電線の太さが決まっていない．

　第5章では，一戸建て住宅の場合における引込口線の幹線の太さを，第4章で述べた屋内配線を例にして電線の太さを決定する過程を解説し，図面に分電盤図を書き入れる．また，二世帯住宅や集合住宅での幹線設計についても述べる．

5.1　屋内回路の幹線設計

　屋内配線の幹線系統図，または引込口配線や分電盤図を図面に書き入れる前に行わなくてはならない作業として，幹線の太さを決定するための根拠となる総負荷設備容量を決定し，幹線に流れる負荷電流の値を求めなくてはならない．

　負荷電流の値を求めることにより幹線の太さを決定し，これにより幹線を保護する遮断器や幹線の電路を開閉するための開閉器の最大容量を決定する．また，求めた太さの幹線に負荷電流が流れた場合の電圧降下が規定の範囲であることを確認する必要がある．戸建ての住宅の場合には，幹線のこう長が長い場合を除いて考慮する必要はないが，集合住宅などの場合には大きな負荷電流が流れるため考慮したほうがよい．

■ 5.1.1　不平衡率の確認

　配電線から低圧受電で単相3線式電路で電気の供給を受ける場合には，単相3線式の電圧側電線（L_1，L_2）と中性線（N）の間に接続されている負荷は平衡となるように分岐回路を設備しなければならない．平衡している状態とは**図 5.1**に示すように，L_1相と中性線の間とL_2相と中性線の間に接続される 100 V の負荷の値が等しく，中性線に電流が流れない状態をいう．

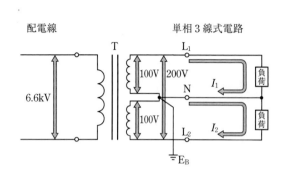
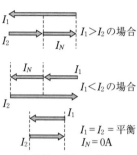

図 5.1　単相 3 線式電路

　負荷を平衡させるため，回路の番号を割り振る際に記入表を使い，近い値の負荷容量同士
を L₁ 相と L₂ 相とに振り分けを行ったが，完全に平衡させることは困難であるため，やむを
得ない場合には設備不平衡率を 40 ％以下とすることができる．これらの不平衡率は次式で
求められる．

$$設備不平衡率 = \frac{中性線と各電圧側の電線に接続される負荷設備容量の差}{総負荷設備容量の1/2} \times 100 〔％〕$$

　中性線と各電圧側の電線に接続される負荷設備容量の差とは，記入表でいうと L₁ 相の負
荷の合計と L₂ 相の負荷の合計との差のことである．総負荷設備容量の 1/2 とは L₁ 相の容量
の合計と L₂ 相の容量の合計，および 200 V の負荷容量を合計して 1/2 倍，つまり 2 で割った
値のことである．

　第 4 章の図 4.21 に示した平面図の電気設備から作成した表 4.7 に示している値を基に設備
不平衡率を計算してみると，

　　　　L₁ 相の合計は 980 VA + 1 014 VA = 1 994 VA

　　　　L₂ 相の合計は 1 300 VA + 564 VA = 1 864 VA

　したがって，L₁ 相と L₂ 相の容量の合計は次のようになる．

　　　　1 994 VA + 1 864 VA = 3 858 VA

この値に 200 V の負荷設備容量の 4 000 VA を加算すると 3 858 VA + 4 000 VA = 7 858 VA
となり，この値が総負荷設備容量となる．

　次に L₁ 相と L₂ 相の容量の差を求めると 1 994 VA − 1 864 VA = 130 VA となり，これらの値
を先ほど示した設備不平衡率の式に代入すると，

$$設備不平衡率 = \frac{130 VA}{7\ 858 VA \times 1/2} \times 100 = 3.3 ％$$

となり，算出した値から設備不平衡率は 3.3 ％となる．したがって，40 ％を超えていないた
め規定値に準じていることがわかる．**図 5.2** に内線規程に掲載されている設備不平衡率の計
算例を示す．

単相3線式電路

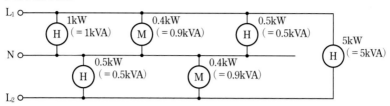

〔備考〕 電動機の数値が異なるのは, 出力kWを入力kVAに換算したためである.

$$設備不平衡率 = \frac{2.4 - 1.4}{8.8 \times 1/2} \times 100 = 23\%$$

この場合は, 40%の限度を超えない.
(内規1303-1より抜粋)

図 5.2 単相3線式電路の不平衡率計算例

設備不平衡率は40%を超えてはならないが, 契約電力が5kW程度以下の設備においては, 少数の加熱装置類を使用する場合などで完全な平衡が得難い場合はこの限度を超えることができる.

また, 図4.10 (a) で示した片寄せ配線を行った単相3線式分岐回路では, 構造的に平衡させることができないため, 当該分岐回路に限って不平衡負荷の制限から除いている.

■ 5.1.2 負荷の想定

電気器具を平面図に配置して記入表を作り, 負荷容量から計算により総負荷設備容量の値を求めた. 次に負荷を想定して**表5.1**に示す床面積と使用目的とによる標準負荷から設備容量を求める. また, 住宅兼店舗の建物で店舗部分や事務所などでの洗面所や廊下は, 住宅を除く建物の一部分に加算すべきと想定した部分的標準負荷を**表5.2**に示す.

表 5.1 標準負荷 (内線規程3605-1より抜粋)

建物の種類	標準負荷 $[\text{VA/m}^2]$
工場, 公会堂, 寺院, 教会, 劇場, 映画館, 寄席, ダンスホール, 農家の納屋など	10
寮, 下宿屋, 旅館, ホテル, クラブ, 病院, 学校, 料理店, 喫茶店, 飲食店, 公衆浴場	20
事務所, 銀行, 商店, 理髪店, 美容院	30
住宅, アパート	40

〔備考1〕 建物が飲食店とその住宅部分のように2種類になる場合は, それぞれに応じた標準負荷を使用すること.
〔備考2〕 学校のように建物の一部が使用される場合は, その部分のみに適用する.

表 5.2　部分的標準負荷（内線規程3605-2より抜粋）

建物の種類	標準負荷〔VA/m²〕
廊下，階段，手洗所，倉庫，貯蔵室	5
講堂，観客席	10

設備容量を求める式は内規 3605 - 1　負荷の想定より，

　　　設備負荷容量 = $PA + QB + C$

P は表 5.1 の建物の床面積〔m²〕．ただし Q の部分を除く．

Q は表 5.2 の建物の部分の床面積〔m²〕．

A は表 5.1 の標準負荷〔VA/m²〕．

B は表 5.2 の（住宅，アパートを除く）部分的標準負荷〔VA/m²〕．

C は標準負荷により算出された数値のほかに加算すべき VA 数で，

(1)　住宅やアパート（1 世帯ごと）については 500 ～ 1 000 VA．

(2)　商店のショーウィンドウについては，ショーウィンドウの間口 1 m について 300 VA．

(3)　屋外の広告灯，電光サイン，ネオンサインなどの VA 数．

(4)　劇場，映画館，ダンスホールなどの舞台照明および映画館などの特殊な電灯負荷の VA 数．

ここで示されている数値は，一般に適用できる値である．そこで実際装備されている負荷の値がそれ以上の場合には，その値を用いなければならない．

　まず，図 4.21 の平面図の床面積を求めて計算してみる．図 4.21 の平面図では電気設備のみをトレースしたため，不要な寸法はトレースしていないが建築平面図には必ず寸法が入っている．

　第 3 章で述べたが，平面図は縮尺 1/100 などで正確に描かれているため，建築平面図に寸法が入っていない場合には，建築平面図の大きさを定規で測り縮尺 1/100 であれば 100 倍すれば実寸となる．図 4.21 の平面図は非常に単純な長方形のため床面積は求めやすい．玄関から洋室との間仕切り（部屋の内壁）まで 3.18 m，間仕切りからベランダまで 2.73 m，部屋の幅は 3.64 m であると仮定して床面積を求めてみる．

　　　平面図の床面積 = (3.18 m + 2.73 m) × 3.64 m = 21.51 m²

　建築平面図に記載されている寸法は柱の中心や壁の中心からのものであるため，この寸法を基に計算すると実際の床面積よりも少し大きくなる．しかし，床面積が実際よりも大きくなり建物の想定の設備負荷容量が増えることになるが，幹線の太さを設計する上では差し支えない．したがって，ここでは床面積を算出した 21.51 m² とする．

　図 4.21 の平面図は建物の種類が店舗や事務所などでなく住宅であるため，表 5.1 より住宅の標準負荷 40 VA/m² を選択して設備負荷容量を求める式より PA の値を求める．

$$PA = 21.51 \, \mathrm{m}^2 \times 40 \, \mathrm{VA} / \mathrm{m}^2 = 860.4 \, \mathrm{VA}$$

　次に表5.2より式のQBの値を求めるが，これは住宅，アパートを除く建物のうち別計算をする部分の標準負荷とその床面積の積である．

　したがって，すべてが住宅の建物であるため式中のQBの値は対象となる建物の部分が存在しないため計算するまでもなく0 VAとなる．

　数式でCの値は標準負荷により算出した数値のほかに加算するVA数である．

　使用目的が住宅であるため数式のCの値は（1）が該当し，この場合の加算VA数は500～1 000 VAであるため，この値のうちの大きいほうの値を採って1 000 VAとする．

　加算するVA数の値はなるべく大きい値を採るほうが設計上安全である．

　上記の算出した数値から設備負荷容量を求めると，

$$設備負荷容量 = PA + QB + C = 860.4 \, \mathrm{VA} + 0 \, \mathrm{VA} + 1\,000 \, \mathrm{VA}$$
$$= 1\,860.4 \, \mathrm{VA}$$

となる．

　この数値に実際設備される負荷としてIHクッキングヒータ4 000 VAとエアコンの980 VAおよび暖房便座1 300 VAを加算すると想定の負荷設備容量は下記のとおりとなる．

$$負荷設備容量 = 1\,860.4 \, \mathrm{VA} + 4\,000 \, \mathrm{VA} + 980 \, \mathrm{VA} + 1\,300 \, \mathrm{VA}$$
$$= 8\,140.4 \, \mathrm{VA}$$

　想定の負荷設備容量の計算結果8 140.4 VAを，第4章の表4.7で計算した負荷設備容量7 858 VAと比較してみると，記入表から算出した値よりも想定の負荷設備容量の計算結果のほうが大きいため幹線の太さの決定には想定の負荷設備容量の計算結果の数値8 140.4 VAを用いる．

　しかし，電気設備の配置が多い場合などでは標準負荷による想定の負荷設備容量の値のほうが小さくなることもあるため，幹線の太さを決定するには数値の大きいほうを用いて算出する．

　いずれの場合でも，将来の増設を見込んで余裕をもたせるようにする．

■ 5.1.3　幹線の太さの決定

　負荷の想定より算出した負荷設備容量8 140.4 VAの値を基に幹線の太さを決定するが，電灯および小型電気機械器具の容量の合計が10 kVAを超えた容量に対して，**表5.3**で示す需要率を適用することができる．

表5.3　幹線の需要率（内線規程3605-11より抜粋）

建物の種類	需要率〔%〕
住宅，寮，下宿屋，旅館，ホテル，病院，倉庫	50
学校，事務所，銀行	70

　作成した記入表の中で大型電気機器の容量，つまり単独の専用回路を設けた回路の容量を除いた L_1 相と L_2 相の合計の容量を算出してみる．

　　　上記の L_1 相と L_2 相の容量 = 8 140.4 VA −（4 000 VA + 980 VA + 1 300 VA）

　　　　　　　　　　　　　　　= 1 860.4 VA

　10 kVA（10 000 VA）を超えた分に対して上記の需要率（住宅であれば50％）を適用できるが，1 860.4 VA では需要率が適用されないため 8 140.4 VA を総負荷設備容量とする．

　また，仮に需要率を適用できる場合の例を示すと下記のようになる．

　総負荷設備容量が 25 kVA，大型電気機器の容量の合計が 7 kVA とした場合は次の計算による．

　　　需要率を適用できる負荷設備容量 =（25 kVA − 7 kVA）− 10 kVA

　　　　　　　　　　　　　　　　　= 8 kVA

　　　需要率を適用した総負荷設備容量 =（8 kVA × 0.5）+ 10 kVA + 7 kVA

　　　　　　　　　　　　　　　　　= 21 kVA

需要率を適用して算出した 21 kVA を基に幹線の太さを決定すればよい．

　総負荷設備容量に対して100 V 電路で電源を供給することを考えれば，電流値を算出できる．

　需要率を適用できる場合の例から記入表に示した本題に戻って計算してみると，

　　　電流 I〔A〕= 総負荷設備容量 ÷ 100

　　　　　　　　 = 8 140.4 VA ÷ 100 = 81.4 A

となる．

　この値は単相2線式100 V で供給した場合に1線に流れる電流値であるが，供給する電路は200 V の機器もあり負荷設備容量も大きいため供給する電路は単相3線式となる．

　単相3線式の電路で電気を供給する場合の，1線に流れる電流値は単相2線式100 V で供給する場合の電流値の 1/2 となる．

　単相3線式の場合の1線に流れる電流 I は，I〔A〕= 81.4 A ÷ 2 = 40.7 A となり，この電流値を超える許容電流を有する電線を選択して，幹線の太さを決定することができる．

　表5.4 に示す絶縁物の最高許容温度が60 ℃の IV 電線などを用いて配線工事をがいし引き配線工事により施工する場合の許容電流値に，**表5.5** に示す電流減少係数表より電線数が3以下である電流減少係数 0.70 を選択し，がいし引き配線工事における許容電流値 61 A を 0.70 倍してケーブル工事の許容電流値の値を求めるか，**表5.6** に示す許容電流値を参照にして先ほど算出した1線に流れる電流値を超える許容電流を有する断面積の電線を選択すればよい．

　そこで算出値 40.7 A を超える許容電流値をもつ電線の断面積を求めると，表5.4 より，がいし引き配線で 8 mm² の電線（より線）が 61 A であり，ケーブル工事での許容電流値に変換するには許容電流値 61 A を 0.70 倍すればよいから次のような値になる．

　　　許容電流値 = 61 A × 0.70 = 42.7 A

　算出値 40.7 A を超える許容電流値をもつ電線の断面積は 8 mm² であることがわかる．た
だし，40.7 A を超え 42.7 A 以下の開閉器や過電流遮断器は存在しないため，断面積が 8 mm²
の電線には 40A の開閉器や過電流遮断器を取り付けなくてはならない．

　想定した負荷電流値が 40.7 A であり開閉器や過電流遮断器の定格電流値を 0.7 A 超えてい
るため，断面積が 1 段上位の 14 mm² のケーブル工事における許容電流値を求めてみると，

　　　　許容電流値 = 88 A × 0.70 = 61.6 A

となり，算出値から，開閉器および過電流遮断器は 40 A の 1 段上位の 50 A で保護できるこ
とがわかる．

　したがって，周囲温度 30 ℃以下でビニル絶縁ビニル外装ケーブルの公称断面積が 14 mm²
のケーブルを幹線として使用できることがわかる．

　この計算が面倒な読者は，表 5.6 の VV ケーブル 3 心以下の欄を参照されるとよい．

表 5.4　許容電流（内線規程 1340-1 より抜粋）

がいし引き配線により絶縁物の最高許容温度が 60 ℃の
Ⅳ配線などを施設する場合の許容電流　　　　　　　　　　　　（周囲温度 30 ℃以下）

単線・より線の別	公称断面積〔mm²〕	素線数/直径〔本/mm〕	許容電流〔A〕
単　　　線	−	1.0	(16)
	−	1.2	(19)
	−	1.6	27
	−	2.0	35
	−	2.6	48
	−	3.2	62
	−	4.0	81
	−	5.0	107
より　線	0.9	7/0.4	(17)
	1.25	7/0.45	(19)
	2	7/0.6	27
	3.5	7/0.8	37
	5.5	7/1.0	49
	8	7/1.2	61
	14	7/1.6	88
	22	7/2.0	115
	38	7/2.6	162
	60	19/2.0	217
	100	19/2.6	298
	150	37/2.3	395
	200	37/2.6	469
	250	61/2.3	556
	325	61/2.6	650
	400	61/2.9	745
	500	61/3.2	842

この電線の許容電流値は覚えておいたほうがよい

〔備考〕　直径 1.2 mm 以下及び断面積 1.25 mm² 以下の電線は，一般的には配線に使用する電線として
　　　　認められていない．したがって（　）内の数値は，参考に示したものである．

表 5.5　電流減少係数（内線規程1304-2より抜粋）

同一管内の電線数	電流減少係数
3以下	0.70
4	0.63
5又は6	0.56
7以上15以下	0.49
16以上40以下	0.43
41以上60以下	0.39
61以上	0.34

〔備考1〕　この表において，中性線，接地線及び制御回路用の電線は，同一管，線ぴ又はダクト内に収める電線数に算入しない．すなわち，単相3線式2回路を同一管に収めると電線数は6本となるが，中性線が2本あるので，電線数4本の場合の許容電流値を適用する．
〔備考2〕　VVケーブルは円形圧縮より線，IV電線は丸より線で算出してある．

表 5.6　許容電流（内線規程1340-2より抜粋）　　　　　（周囲温度30℃以下）

導体	電線種別 直径又は公称断面積	VVケーブル 3心以下	IV電線を同一の管，線ぴ又はダクト内に収める場合の電線数						
			3以下	4	5～6	7～15	16～40	41～60	61以上
単　線	1.2 mm	(13)	(13)	(12)	(10)	(9)	(8)	(7)	(6)
	1.6 mm	19	19	17	15	13	12	11	9
	2.0 mm	24	24	22	19	17	15	14	12
	2.6 mm	33	33	30	27	23	21	19	17
	3.2 mm	43	43	48	34	30	27	24	21
より線	5.5 mm^2	34	34	31	27	24	21	19	16
	8 mm^2	42	42	38	34	30	26	24	21
	14 mm^2	61	61	55	49	43	38	34	30
	22 mm^2	80	80	72	64	56	49	45	39
	38 mm^2	113	113	102	90	79	70	63	55
	60 mm^2	150	152	136	121	106	93	85	74
	100 mm^2	202	208	187	167	146	128	116	101
	150 mm^2	269	276	249	221	193	170	154	134
	200 mm^2	318	328	295	262	230	202	183	159
	250 mm^2	367	389	350	311	272	239	217	189
	325 mm^2	435	455	409	364	318	280	254	221
	400 mm^2	─────	521	469	417	365	320	291	253
	500 mm^2	─────	589	530	471	412	362	328	286

〔備考1〕　VVケーブルを屈曲がはなはだしくなく，2 m以下の電線管などに収める場合も，VVケーブル3心以下の欄を適用する．
〔備考2〕　この表のIV電線を電線管などに収める場合の許容電流値は，表5.4 に表5.5 の電流減少係数を乗じたものである．ただし，合成樹脂管をがいし引き配線におけるがい管として使用する場合は，この表を適用しない．なお，算出された許容電流値は，小数点以下1位を7捨8入してある．

VVケーブル並びに電線管などに絶縁物の最高許容温度が60℃のIV電線などを収める場合の許容電流

VVケーブル配線，金属管配線，合成樹脂管配線，金属製可とう電線管配線，金属線ぴ配線，合成樹脂線ぴ配線，金属ダクト配線，フロアダクト配線及びセルラダクト配線などに適用する．
この場合において，金属ダクト配線，フロアダクト配線及びセルラダクト配線については，電線数「3以下」を適用する．

　ビニル絶縁ビニル外装ケーブル（VVF・VVR）など電線の絶縁物がビニル以外のケーブルで，周囲温度が平均30℃を超える環境で電線を使用する場合は，表5.7に示す許容電流減少係数計算式により補正する．

　例として600 V架橋ポリエチレン絶縁ビニル外装ケーブル（CV）を使用し，周囲温度を40℃と仮定して考える．

　600 V架橋ポリエチレン絶縁ビニル外装ケーブルは，外装の材質はビニルであるが絶縁物は架橋ポリエチレンであるため，表5.7に示した絶縁電線の種類および施設場所の区分から600 V架橋ポリエチレン絶縁電線を選択する．

表5.7 許容電流補正係数計算式（内線規程1340-3より抜粋）

絶縁電線の種類及び施設場所の区分		絶縁物の最高許容温度〔℃〕	許容電流補正係数	許容電流減少係数計算式
IV電線（600 V二種ビニル絶縁電線を除く．） RB電線（絶縁物が天然ゴム混合物のものに限る．）		60	1.00	$R = \sqrt{\dfrac{60-\theta}{30}}$
600 V二種ビニル絶縁電線 600 Vポリエチレン絶縁電線（絶縁物が架橋ポリエチレン混合物のものを除く．） スチレンブタジエンゴム絶縁電線		75	1.22	$R = \sqrt{\dfrac{75-\theta}{30}}$
エチレンプロピレンゴム絶縁電線		80	1.29	$R = \sqrt{\dfrac{80-\theta}{30}}$
600 V架橋ポリエチレン絶縁電線		90	1.41	$R = \sqrt{\dfrac{90-\theta}{30}}$
600Vけい素ゴム絶縁ガラス編組電線	180			
		電線又はこれを収める金属管などに接触し，又は接近する造営材が電線の温度上昇により有害な影響を受けるおそれがなく，かつ，電線管などに人が触れるおそれがない場所	2.24	$R = \sqrt{\dfrac{180-\theta}{30}}$
		上記以外の場所	1.41	$R = \sqrt{\dfrac{90-\theta}{30}}$
600Vふっ素樹脂絶縁電線	200			
		電線又はこれを収める金属管などに接触し，又は接近する造営材が電線の温度上昇により有害な影響を受けるおそれがなく，かつ，電線管などに人が触れるおそれがない場所	2.15	$R = 0.9\sqrt{\dfrac{200-\theta}{30}}$
		上記以外の場所	1.27	$R = 0.9\sqrt{\dfrac{90-\theta}{30}}$

（VVケーブルは補正はない）

（CVケーブルはこの補正係数を適用する）

（周囲温度を40℃とする場合にはθに40を代入して計算した値が補正係数になる）

（最高許容温度は90℃である）

〔備考1〕　Rは，許容電流減少係数
　　　　　　θは，周囲温度
〔備考2〕　600 V耐燃性ポリエチレン絶縁電線（IE/F）は600 Vポリエチレン絶縁電線と同様に，また，600 V耐燃性架橋ポリエチレン絶縁電線（IC/F）は600 V架橋ポリエチレン絶縁電線と同様に扱う．

　　　　　　（絶縁電線の許容電流補正係数及び周囲温度などによる
　　　　　　許容電流減少係数計算式）

選択した600 V架橋ポリエチレン絶縁電線の項目を右にたどると絶縁物の最高許容温度は90℃であり，許容電流補正係数は1.41であることがわかる．この許容電流補正係数の1.41は右の欄の計算式のθに30を代入した場合の数値であり，周囲温度が30℃のときの数値が示されている．

ただし，周囲温度が30℃以外の場合には許容電流補正係数が1.41であることを示した欄の右に許容電流減少係数計算式が示してあり，計算式のθに周囲温度40を代入することにより周囲温度40℃のときの許容電流補正係数を求めることができる．

計算式に40を代入して求めると補正係数が1.29であることがわかる．

この計算が面倒な読者は，**表5.8**許容電流減少係数に示すように計算結果が示してあるため表5.8の周囲温度の欄から，周囲温度40℃を選択して右にたどり，絶縁物である架橋ポリエチレン最高許容温度90℃の項目と交差する数値を読むと，1.29と許容電流補正係数を得ることができる．計算式に40を代入して求めた値と同じであることが確認できる．

表5.8　許容電流減少係数（内線規程1340-4より抜粋）

周囲温度〔℃〕	絶縁物の最高許容温度						
	$\sqrt{\dfrac{60-\theta}{30}}$	$\sqrt{\dfrac{75-\theta}{30}}$	$\sqrt{\dfrac{80-\theta}{30}}$	$0.9\sqrt{\dfrac{90-\theta}{30}}$	$\sqrt{\dfrac{90-\theta}{30}}$	$\sqrt{\dfrac{180-\theta}{30}}$	$0.9\sqrt{\dfrac{200-\theta}{30}}$
	60℃	75℃	80℃	90℃	90℃	180℃	200℃
以下 30	1.00	1.22	1.29	1.27	1.41	2.24	2.15
35	0.91	1.15	1.22	1.21	1.35	2.20	2.11
40	0.82	1.08	1.15	1.16	1.29	2.16	2.08
45	0.71	1.00	1.08	1.10	1.22	2.12	2.05
50	0.58	0.91	1.00	1.04	1.15	2.08	2.01
55	0.41	0.82	0.91	0.97	1.08	2.04	1.98
60	0	0.71	0.82	0.90	1.00	2.00	1.94
65		0.58	0.71	0.82	0.91	1.96	1.91
70		0.41	0.58	0.73	0.82	1.91	1.87
75		0	0.41	0.63	0.71	1.87	1.84
80			0	0.52	0.58	1.83	1.80
85				0.36	0.41	1.78	1.76
90				0	0	1.73	1.73
95						1.68	1.68
100						1.63	1.64
110						1.53	1.56
120						1.41	1.47
130						1.29	1.37
140						1.15	1.27
150						1.00	1.16
160						0.82	1.04
170						0.58	0.90
180						0	0.73
190							0.52
200							0

配線される電線の周囲温度が40℃である場合には，この欄の右の数値を読む

周囲温度40℃でCVケーブルを使用した場合にこの1.29の補正値を使用する

絶縁物が架橋ポリエチレンであるCVケーブルは最高許容温度は90℃であるためこの欄の下の値を読む

〔備考〕　本表は，小数点以下3位を4捨5入してある．

　この数値 1.29 を用いて単相 3 線式の場合の 1 線に流れる電流値 40.7 A を割ると，架橋ポリエチレン絶縁電線を周囲温度 40 ℃ の環境で使用するときの補正された電流値は 31.55 A と算出することができる．

　算出した値により表 5.6 を参照して VV ケーブル 3 心以下の欄から補正された電流値を超える許容電流値を有する断面積を選択すると 34 A で 5.5 mm^2 となる．

　したがって，600 V CV ケーブルを使用した場合は公称断面積が 5.5 mm^2 の電線を選択すればよい．

　CV ケーブル配線時の電線の太さは，1 線当たりの最大想定負荷電流より決まり，**表 5.9** に示した配線の種類による幹線の最小太さ（銅線）の CV ケーブル配線の項より求めることができる．また，電線の太さが決まることにより開閉器の定格電流値および過電流遮断器の定格電流値を求めることができる．ただし，表 5.9 に示した値は周囲温度が 30 ℃ のときのもので周囲温度が異なる場合には，許容電流減少係数などにより前述した手順で電線の太さを算出する必要がある．

表5.9　幹線の太さ，開閉器及び過電流遮断器の容量（内線規程3606-13より抜粋）

1線当たりの最大想定負荷電流〔A〕	配線の種類による幹線の最小太さ（銅線）			開閉器の定格〔A〕	過電流遮断器の定格〔A〕	
	がいし引き配線	電線管，線ぴに3本以下の電線を収める場合及びVVケーブル配線など	CVケーブル配線		B種ヒューズ	配線用遮断器
20	mm　　m 2　（9）《18》	mm　　m 2　（9）《18》	mm² 2　（6）《11》	30	20	20
30	2.6　（10）《20》	2.6　（10）《20》	2　（4）《7》〔B種ヒューズの場合は3.5（7）《13》〕	30	30	30
40	mm² 8　（11）《22》	mm² 8　（11）《22》	3.5　（5）《10》	60	40	40
50	8　（9）《18》	14　（16）《31》	5.5　（6）《12》	60	50	50
60	8　（7）《15》〔B種ヒューズの場合は14（13）《26》〕	14　（13）《26》〔B種ヒューズの場合は22（20）《41》〕	8　（7）《15》	60	60	60
75	14　（10）《21》	22　（16）《33》	14　（10）《21》	100	75	75
100	22　（12）《24》	38　（21）《41》	14　（8）《16》〔B種ヒューズの場合は22（12）《24》〕	100	100	100
125	38　（16）《33》	60　（27）《53》	22　（10）《20》	200	125	125
150	38　（14）《28》	60　（22）《44》〔B種ヒューズの場合は100（37）《75》〕	38　（14）《28》	200	150	150
175	60　（19）《38》	100　（32）《64》〔B種ヒューズの場合は150（49）《98》〕	38　（12）《24》	200	200	175
200	60　（16）《33》	100　（28）《56》〔B種ヒューズの場合は150（43）《86》〕	60　（16）《33》	200	200	200
250	100　（22）《45》	150　（34）《69》	100　（22）《45》	300	250	250
300	150　（28）《57》	200　（36）《73》	100　（19）《37》	300	300	300
350	150　（24）《49》〔B種ヒューズの場合は200（31）《63》〕	250　（40）《81》〔B種ヒューズの場合は325（52）《104》〕	150　（24）《49》	400	400	350
400	200　（27）《55》	325　（45）《90》	150　（21）《42》	400	400	400

〔備考1〕（　）内の数値は，100V単相2線式における電圧降下2%のときの電線こう長を示したものである．

〔備考2〕《　》内の数値は，100/200V単相3線式における電圧降下2%のときの電線こう長を示したものである．

〔備考3〕単相3線式又は三相4線式幹線において，電圧降下を減らすため電線を太くする場合でも中性線は，表の値より太くする必要はない．

〔備考4〕単相3線式電路において，最大想定負荷電流が200Aを超える場合は，中性線の太さは，表の値よりも一段細くてよい．

〔備考5〕 「電線管，線ぴに3本以下の電線を収める場合及びVVケーブル配線など」とは，金属管（線ぴ）
配線及び合成樹脂（線ぴ）配線において同一管内に3本以下の電線を収める場合・金属ダクト，
フロアダクト又はセルラダクト配線の場合及びVVケーブル配線において心線数が3本以下の
ものを1条施設する場合(VVケーブルは屈曲がはなはだしくなく，2m以下の電線管などに収
める場合を含む。)を示した.

〔備考6〕 B種ヒューズの定格電流は，電線の許容電流の0.96倍を超えないものとする.

〔備考7〕 CVケーブル配線は，資料1-3-3　2.　600V架橋ポリエチレン絶縁ビニル外装ケーブルの許容
電流(2心)の許容電流を基底温度30℃として換算した値を示した.

■ 5.1.4　電圧降下

屋内配線において電圧降下は2％以内と規定されている.

通常は一戸建ての住宅において引込線取付点から住宅内の最遠端の負荷まで60mを超え
ることは非常に少ない.

住宅の屋内配線での分岐回路の場合は，規定に準じた電線の太さで配線されるため，こう
長が長い場合など除いて電圧降下に関して規定内であると考えて差し支えない.

ただし，屋内配線で比較的配線こう長が長く，電線が細い場合などでは電圧降下が規定内
であるかを確認する必要があり，表皮効果や近接効果などによる導体抵抗値の増加分やリア
クタンス分を無視しても差し支えのない場合，表5.10 に示す式に最大想定負荷電流，配線
こう長，使用する電線の断面積を代入することにより電圧降下の値を算出することができ
る.

表5.10　電圧降下計算式（内規資料1-3-2より抜粋）

配電方式	電圧降下	対称電圧降下
単相2線式	$e=\dfrac{35.6\times L\times I}{1\,000\times A}$	線　間
三相3線式	$e=\dfrac{30.8\times L\times I}{1\,000\times A}$	線　間
単相3線式 三相4線式	$e=\dfrac{17.8\times L\times I}{1\,000\times A}$	大地間

e：電圧降下〔V〕
I：負荷電流〔A〕
L：電線のこう長〔m〕
A：使用電線の断面積〔mm^2〕

〔備考〕 本表の各公式は，回路の各外側線又は各相電線の平衡した場合に対するものである.
また，電線の導電率は97％としている.

一戸建ての住宅の場合には幹線の電圧降下は規定内と考えて差し支えはないが，世帯数の
多い集合住宅などの幹線では表5.10により試算することは必要である. 5.1.11の集合住宅の
幹線設計で集合住宅での幹線の電圧降下について基本的なことを述べているので参照される
とよい.

配電線の供給変圧器の二次側端子または引込取付点から屋内配線の最遠端の負荷に至る電

線のこう長が 60 m を超える場合には負荷電流から計算して，電圧降下を 120 m 以下で 4 ％以下，200 m 以下で 5 ％以下とすることができる．

　また，**表 5.11** で示す表から，単相 2 線式で電圧降下 1V とする場合の負荷電流と電線の断面積（および直径）から電線の最大こう長を知ることができる．1 線に流れる負荷電流により電線の太さは決定できるが，決定した電線の太さとその電線に流れる負荷電流により電線の配線こう長も決まるため，許容電流値以下に負荷電流を収めることは重要であるが，併せて電圧降下が規定内であるのかを確認することにより決定した電線の太さを一段太くする必要があるのかを考慮することも重要である．

表 5.11　単相2線式（電圧降下1V）（銅線）（内規資料1-3-2より抜粋）

電流 〔A〕	単線〔mm〕				より線〔mm²〕										
	1.6	2.0	2.6	3.2	14	22	38	60	100	150	200	250	325	400	500
	電線最大こう長〔m〕														
1	56	88	149	226	384	606	1,020	1,650	2,780	4,240	5,420	6,990	8,930	11,100	13,500
2	28	44	75	113	192	303	512	823	1,390	2,120	2,710	3,490	4,460	5,550	6,760
3	19	29	50	75	128	202	342	548	927	1,410	1,810	2,330	2,980	3,700	4,510
4	14	22	37	57	96	152	256	411	696	1,060	1,350	1,750	2,230	2,780	3,380
5	11	18	30	45	77	121	205	329	556	848	1,080	1,400	1,780	2,220	2,710
6	9.3	15	25	38	64	101	171	274	464	707	903	1,160	1,490	1,850	2,260
7	8.0	13	21	32	55	87	146	235	397	606	774	998	1,280	1,590	1,930
8	7.0	11	19	28	48	76	128	206	348	530	677	873	1,120	1,390	1,690
9	6.2	9.8	17	25	43	67	114	183	309	471	602	776	992	1,230	1,500
12	4.7	7.4	12	19	32	51	85	137	232	353	451	582	744	926	1,130
14	4.0	6.3	11	16	27	43	73	118	199	303	386	499	637	793	966
15	3.7	5.9	10	15	26	40	68	110	185	282	361	466	595	740	902
16	3.5	5.5	9.3	14	24	38	64	103	174	265	338	436	558	694	845
18	3.1	4.9	8.3	13	21	34	57	91	155	236	301	388	496	617	751
25	2.2	3.5	6.0	9.0	15	24	41	66	111	170	217	279	357	444	541
35	1.6	2.5	4.3	6.5	11	17	29	47	79	121	155	200	255	317	386
45	1.2	2.0	3.3	5.0	8.5	13	23	37	62	94	120	155	198	247	301

〔備考1〕　電圧降下が 2 V 又は 3 V の場合は，電線こう長はそれぞれ本表の 2 倍又は 3 倍となる．他もまたこの例による．

〔備考2〕　電流が 20 A 又は 200 A の場合は，電線こう長はそれぞれ本表の 2 A の場合の 1/10 又は 1/100 となる．他もまたこの例による．

〔備考3〕　より線 5.5 mm² 及び 8 mm² の場合は，それぞれ単線 2.6 mm 及び 3.2 mm に対する電線最大こう長の数字をとってよい．

〔備考4〕　本表は，力率 1 として計算したものである．

■ 5.1.5　引込開閉器

　平面図の縮尺が正確なことから，図面上に配線した引込口電線の長さを測り，縮尺倍すれば実寸の電線こう長がわかる．引込口から引込開閉器（引込口装置）までの電線のこう長を 8 m 以内としなければならないため，設計の段階で平面図上でも電線のこう長を確認しておく必要がある．

　電線のこう長が 8 m を超えると分電盤の主開閉器（漏電遮断器など）を引込開閉器として

使用できないため，8 m 以内で個別に引込開閉器を取り付けなくてはならない.

　このように設計や建物の見栄え，施工上でのコストの面でも損失になる.このため，分電盤の漏電遮断器（過負荷保護の機能を持っているもの）を引込開閉器としている場合が多い.したがって，分電盤の位置と電気メータ，および引込取付点の位置の選択には注意が必要である.

　また，引込開閉器を設置すべき場所で，開閉器の合計が6個以下である場合，開閉器を集合して取り付ける場合に限り専用の引込開閉器を省略することができる.

　この場合の主開閉器は，主開閉器でも分岐開閉器でも，あるいは併用の場合でも適用することができる.

　平面図の幹線の太さが決定しているので，開閉器の容量および幹線を保護する過電流遮断器の容量を表5.9から選択することができる.

■ 5.1.6　漏電遮断器

　電路に地絡が生じた場合に，電線および電気機械器具の損傷や，感電や火災のおそれがないように，漏電遮断器の設置やその他の適切な処置を講じなくてはならない.漏電遮断器を設置すべき電路は，

(1)　人が容易に触れるおそれがある場所に施設される電路.

(2)　使用電圧が60 V を超える低圧の金属製外箱を有する機械器具に電気を供給する電路.

(3)　水気のある場所や湿気の多い場所に設置された電気機器に電気を供給する電路.

(4)　木造のメタルラス張りの造営材に看板などの電気機器に電気を供給する電路.

　原則として，電気機械器具に電気を供給する電路には，漏電遮断器を設置しなくてはならない.

　ただし，人が容易に触れるおそれがない場所に施設された電路や二重絶縁の構造の機械器具を設置する場合，機械器具を乾燥した場所に設置した場合などは漏電遮断器を省略することができる.

　また，対地電圧が150 V 以下の機械器具を水気のある場所以外に設置し，人が水気のある場所から，その機械器具に触れるおそれがない場合は，漏電遮断器を省略することができる.これら一般的な設置例を**表 5.12** に示す.

表 5.12　漏電遮断器の一般的な施設例（内線規程1375-1より抜粋）

機器器具の施設の場所　／　電路の対地電圧	屋内		屋側		屋外	水気のある場所
	乾燥した場所	湿気の多い場所	雨線内	雨線外		
150 V以下	－	－	－	□	□	○
150 Vを超え300 V以下	－	○	－	○	○	○

〔備考1〕　表に示した記号の意味は，次のとおりである．
○：漏電遮断器を施設すること．
□：道路に面した場所に，ルームエアコンディショナ，ショーケース，アイスボックス，自動販売機など電動機を部品とする機械器具を施設する場合には，漏電遮断器を施設すること．
〔備考2〕　表中，人が当該機械器具を施設した場所より電気的な条件が悪い場所から触れるおそれがある場合には，電気的条件の悪い場所に設置されたものとして扱うこと．この場合の具体例を示すと次のような場合である．
　〔例〕　「機械器具」が乾燥した場所に施設された場合であっても，人が水気のある場所から当該機械器具に触れるおそれがある場合には，水気のある場所として扱うこと．
〔備考3〕　住宅の電路には，表に係わらず漏電遮断器を施設することを原則とする．
　　　　　（4項及び5項参照）．また，個別施設などに対する漏電遮断器の施設については2項及び6項以降によること．

　住宅での水気のある場所とは，浴室，トイレ，洗濯スペース，キッチンや屋外など思いつくが，そうした場所で使われる電気機器では，浴室換気扇，暖房便座，洗濯機，食器洗浄機，電子レンジ，オーブン，屋外の防水コンセントなどが考えられる．

　しかし，住宅に電気を供給する電路には，一般的な設置例に関わらず原則として漏電遮断器の取付けが義務付けられている．

　住宅用分電盤では漏電遮断器を設置しているものが一般的になっている．

　引込開閉器として併用する場合，漏電遮断器は過電流保護機能付き（OC付き）の必要がある．

　また，供給電路が単相3線式の場合，中性線欠相保護の機能を有するものを選択しなくてはならない．

　漏電遮断器には高感度形，中感度形，低感度形があり，動作時間によって高速形，時延形，反限時形に分かれるほか，定格感度電流の値も様々である．

　住宅の場合は漏電遮断器の定格電流が100 A以下の場合が多く，高感度形の高速形で，動作定格感度電流の値が30 mAで動作時間が0.1秒のものを選択するとよい．

■ 5.1.7　分電盤図

　分電盤図は電気メータの二次側から分電盤へ至り，盤の中を単線図および複線図で表したものである．アパートやマンション，二世帯住宅のように複数世帯ではなく，1世帯だけの一戸建住宅の場合は，分電盤図が幹線系統図を兼ねている．

　複数世帯の場合は電気メータも分電盤も世帯数分あるので，各世帯への幹線の分岐図や系統図を書かなければならない．しかし，1世帯では電気メータも分電盤も1つであるため分

岐もなく，系統は1系統しかないため分電盤図が幹線系統図を兼ねることになる．

　住宅の分電盤は電気事業者（東京電力など）との契約によって異なってくる．

　契約については第8章で述べる．

　これまで設計してきた電気設備図（平面図）での分電盤の選定を考えると，いくつか選択ポイントがあるので以下に列記する．

　(1)　電気の供給方式は，電気の総設備容量が3 000 VAを超えるか，将来，超える見込みがある場合には単相3線式の供給方式を用いる．また，それ以下の容量であれば単相2線式でも差し支えない．今回の例題では，IHクッキングヒータを設置するため，200 Vの電路が必要になる．したがって，200 Vと100 Vを併用できるのは，単相3線式の供給方式である．

　(2)　分岐回路の種類や回路分けについては第4章分岐回路で述べたが，将来の増設を見込んで必要な分岐回路数に2〜4回路ほど予備回路を考えておくとよい．ただし，電気事業者との契約に回路契約を選択する場合には，分岐回路の数で契約上の負荷容量を算定するため，予備回路の配線用遮断器（分岐開閉器）は無断での増設が可能となるため分電盤から予備の配線用遮断器を取り外しておかなくてはならない．

　回路契約の場合も必要な分岐回路数だけでは，分岐回路を増設する度に分電盤の交換が必要になり不経済であるため，将来の増設の際には電気事業者との契約更改は必要でも配線用遮断器（分岐開閉器）を取り付けることのできるスペースを有する分電盤の選択は必要である．したがって，図4.21で示した電気設備図では5分岐回路であるため6〜8分岐の分電盤を選択するとよい．

　(3)　配線用遮断器（分岐開閉器）は，100 Vであれば2極1素子または2極2素子，200 Vであれば2極2素子のものが必要である．配線用遮断器には1極1素子のものもあるが，この場合中性線（接地側の電線）は端子台に接続され，電圧側の電線だけ配線用遮断器に接続する構造になっている．ただし，1極1素子の配線用遮断器を取り付けるタイプの分電盤でも200 Vは2極2素子となる．これらの配線用遮断器の一例を図5.3に示す．

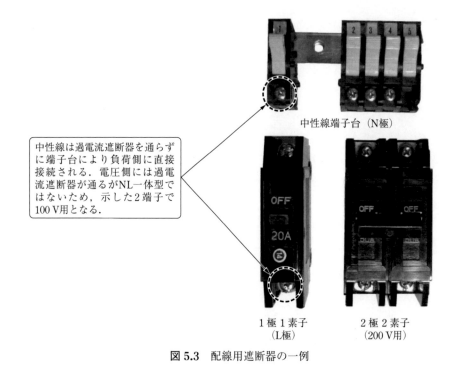

中性線端子台（N極）

中性線は過電流遮断器を通らずに端子台により負荷側に直接接続される．電圧側には過電流遮断器が通るがNL一体型ではないため，示した2端子で100 V用となる．

1極1素子
（L極）

2極2素子
（200 V用）

図 5.3　配線用遮断器の一例

　定格容量については第4章で述べたとおり，配線用遮断器の場合は原則として20 Aである．大型電気機器についてはそれぞれの電気機器の容量に合わせて配線用遮断器または分岐開閉器の容量を選択する．

(4)　主開閉器は，6分岐以下であれば専用の主開閉器を分岐用の主開閉器または過電流遮断器で兼用することはできるが，専用の主開閉器を備えたものをおすすめする．また，市販の分電盤に設置されている漏電遮断器を主開閉器とする場合が多いため，主開閉器としての漏電遮断器は過電流保護機能付きのものを選択することを忘れてはならない．

(5)　リミッタスペース付きについては，電気事業者との契約をSB（サービスブレーカ）契約とする場合は，主開閉器の直前に電気事業者の電流制限器（リミッタ）を取り付けることになるため，分電盤にはリミッタスペース付きのものを選択しなくてはならない．それ以外の契約の場合はリミッタスペース付きの必要はない．

(6)　分電盤の形状は，横型と縦型に分かれているが，住宅では一般的に横型を選択する場合が多い．キッチンでは食器棚や冷蔵庫などの上に，洗面所では扉の上または洗濯機スペースや洗面化粧台などの上に設置されていることが多く，玄関では扉の上や家具（下駄箱など）の一角に分電盤スペースとして取り付けられるなど，縦型では収まらないことが多い．

(7)　分電盤のケースは，市販されている住宅用分電盤の大半が樹脂製のもので，取付けの際に加工が容易で重量も金属製に比べて軽くてコスト面でも安価で済む．金属製の分電盤の場合には，金属の部分に接地工事を施すことが必要になる．

　住宅の分電盤図は，引込取付点から電気メータ，引込口，主開閉器を通り分岐回路までを単線または複線で表したものである．

　図5.4（a）に横型のリミッタスペース付きと図5.4（b）にリミッタスペースなしの分電盤図の例を示す．

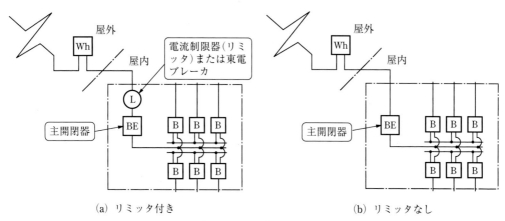

（a）リミッタ付き　　　　　　　　　　（b）リミッタなし

図5.4　分電盤の例

　単相2線式100 Vの場合は，分岐回路の電圧は100 Vだけであり，単相2線式200Vであれば分岐回路はすべて200 Vであるため，分電盤図は複線で書き表す必要はなく，分電盤図全体を単線で書き表して差し支えない．

　しかし，単相3線式100 V/200 Vの場合には，3線のうちL_1相とN相またはL_2相とN相の2線で100 Vの電圧となり，L_1相とL_2相の2線で200 Vの電圧となるため，分岐回路にどの2線から分岐したかを書き表さなくてはならない．

　したがって，単相3線式100 V/200 Vの場合は，分岐部分は複線として分岐部分の接続を正確に書き表さなくてはならない．

　また，引込取付点から主開閉器までは電線数，電線の種類，および電線の太さを配線に傍記し，単線で書き表したほうが図を見やすくすることができる．

　引込口の部分は一点鎖線などで配線を区切ることで屋内と屋外の境を表すが，この引込口電線の外壁貫通部分の外壁（造営材）がどのような素材かを傍記するとよい．

　分岐回路の配線用遮断器，過電流遮断器の図記号以降の配線も単線で書き表し，この単線の先にそれぞれの分岐回路に接続した負荷を傍記する．

　負荷の傍記の方法は，書き手の工夫により異なるが第三者にわかりやすいことが必要であり，この分電盤図を図面の分電盤図用の余白，または分電盤図用の用紙に書き込むことで住宅の電気設備図面が完成する．

■ 5.1.8　木造住宅（2階建て）の幹線設計

　ここまで平屋の木造住宅の幹線設計を行ったが，次に，第4章の図4.24に示した2階建て

木造建築における電気設備図の幹線の太さを求め，分電盤図を書くための過程を述べる．

　平面図に配線用図記号を配置し，配線を記入するときに併せて記入表を作成して書き込むが，図 4.24 に示した配線図の負荷容量記入表を**表 5.13**に示す．ただし，表 5.13 の記入表の項目や負荷の容量は適当に決定してあるため，設計者の考え方により大きく変わる可能性もあり得る．

表 5.13　2 階建て木造建築の負荷の記入表

負荷(VA) / 回路数	L 60W [60]	L 100W [100]	L 60W×6 [360]	FL 20W [36]	FL 20W×4 [36]×5	FLC 30+40W [150]	C 150VA	エアコン 100V 941VA	電子レンジ 100V 1450VA	FAN 20W 25VA	エアコン 1φ200V 2549VA	合計 [VA]	L_1相	L_2相	回路番号
1								1				941	○		1
2								1				941		○	2
3								1				941	○		3
4								1				941		○	4
5									1			1 450		○	6
6	4					1	5					1 140	○		5
7						2	6					1 200		○	8
8					1		5					930		○	10
9			1	1		1	3					996	○		7
10	4	1					1					490	○		9
11	3	1					2			1		605	○		11
12											1	2 549			12
計												13 124	5 113	5 462	

100 Vの分岐回路の合計の容量を比較しながら，できるだけ負荷が平衡するようにL$_1$相とL$_2$相に振り分け，L$_1$相に振り分けた回路の負荷容量の合計5 113VAとL$_2$相に振り分けた回路の負荷容量の合計5 462 VAを求める．

次に総設備負荷容量として100 Vと200 Vのすべての回路の容量の合計13 124 VAを求め，不平衡率の計算式にこれらの値を代入し不平衡率5.31 ％を求める．

不平衡率が40 ％以下であることが確認できたら，100 V分岐回路の振り分けには問題がないので，負荷の想定による総設備容量を求め，表の総設備容量と比較してみる．

建物の使用目的が住宅であるため設備負荷容量の式は次のようになる．

設備負荷容量 $= PA + C$（QB は住宅以外である場合の部分的標準負荷容量.）
$$= 40\,\text{VA} \times 89\,\text{m}^2 + 1\,000\,\text{VA} = 4\,560\,\text{VA}$$

実際に設備される大型電気機械器具の容量を下記の値とすると負荷の想定による総設備容量は，

総設備容量 $= 4\,560\,\text{VA} + (941\,\text{VA} \times 4 + 1\,450\,\text{VA} + 2\,549\,\text{VA}) = 12\,323\,\text{VA}$

となり，記入表の総設備負荷容量13 124 VAと比較すると記入表の総設備容量のほうが大きい値であるため，この値から幹線の太さを求めることになる．

ここで，住宅の需要率が適用できるかを確認するが，第4章で述べたように電灯と小型電気機器の合計が10 kVAを超えた容量に需要率を適用できるため，総設備負荷容量の13 124 VAから大型電気機器の容量を除いて10 kVAを超えているかを見てみる．

表5.13の記入表で大型電気機器は，エアコン5台と電子レンジが該当するため，総設備負荷容量の13 124 VAからエアコンの941 VA × 4台と2 549 VA × 1台，および電子レンジ1 450 VA × 1台を差し引くと5 361 VAとなる．したがって，10 kVAを超えないため需要率の適用はないことがわかる．

総設備容量が3 000 VAを超えており，将来の増設を見込むと供給方式は単相3線式が適当であると考えられる．総設備容量の値を100で除して設備に対する総電流の値131.24 Aを求める．

単相3線式電路では総電流値の半分が1線に流れる電流値となるため，1線に流れる電流値は65.62 Aとなる．

周囲温度30 ℃でVVケーブルにより幹線を配線する場合は，表5.6で示した表のVVケーブル3心以下の欄より，求めた1線の電流値よりも大きい値の直径または公称断面積の電線22 mm^{2}を選択する．

周囲温度40 ℃の場所でVVケーブルにより幹線を配線する場合は，表5.8に示した表から絶縁物の許容温度60 ℃の欄と周囲温度40 ℃から0.82を選択し，この数値で1線に流れる電流値65.62 Aを割ると80.02 Aとなる．

表5.6で示されたVVケーブル3心以下の欄より求めた1線の電流の値よりも大きな値の直径または公称断面積の電線38 mm^{2}を選択する．

　求めた電線の太さ $38\,\text{mm}^2$，または 1 線に流れる電流値 $80.02\,\text{A}$ から表 5.9 により主開閉器であれば $100\,\text{A}$ または過電流遮断器であれば $100\,\text{A}$ と容量を選択できるため，作成した表と電線の太さ，主開閉器および過電流遮断器の容量から分電盤図を作成すると**図 5.5** に示した分電盤図となるが，この分電盤図の一例は総設備負荷容量に見合った幹線の太さと開閉器の定格容量を備えた内容の分電盤図であり，電力会社との契約によるものではない．

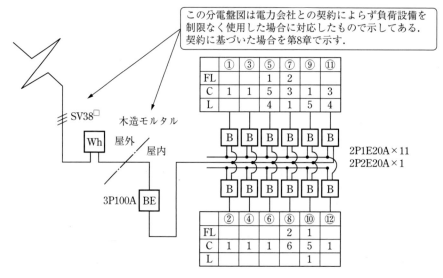

図 5.5　二階建て木造建築の分電盤図

　したがって，この手順の後に需要家の要望や家族構成または電気料金などとのバランスを考慮して電力会社との契約方法を選択することになる．

　電力会社との契約方法によっては分電盤の構成や幹線の太さを総設備負荷容量に見合った幹線の太さよりも細い幹線を選択しても差し支えない可能性もある．

■ 5.1.9　鉄筋コンクリート造住宅の設計

　第 4 章では鉄筋コンクリート造住宅についても屋内配線の設計を行い，図 4.26 に配線図を示したが，ここでは 2 階建て木造住宅の場合と同様に幹線の太さを求め，分電盤図を書くための過程を述べる．屋内配線の設計を行うときに作成した記入表の一例を**表 5.14** に示す．

　まず，$100\,\text{V}$ の分岐回路の合計の容量を比較しながら，できるだけ平衡するように L_1 相と L_2 相に負荷を振り分け，L_1 相に振り分けた回路の容量の合計 $7\,286\,\text{VA}$ と L_2 相に振り分けた回路の容量の合計 $7\,442\,\text{VA}$ を求める．

　次に総設備容量として $100\,\text{V}$ と $200\,\text{V}$ のすべての回路の容量の合計 $19\,928\,\text{VA}$ を求め，不平衡率の計算式にこれらの値を代入し不平衡率 $1.56\,\%$ を求める．

　不平衡率が $40\,\%$ 以下であることが確認できたら，$100\,\text{V}$ 分岐回路の振り分けには問題がないので，負荷の想定による総負荷設備容量の値を求め，記入表の総設備容量と比較してみる．

表 5.14　鉄筋コンクリート造建築の負荷の記入表

負荷[VA] ／ 回路数	L 60W [60]	L 60W×6 [360]	FL 20W [36]	FL 20W×5 [36]×5	FLC 30+40W [150]	C 150VA	暖房便座 100V 1350VA	エアコン 100V 850VA	電子レンジ 100V 1300VA	炊飯器など 100V 1200VA	エアコン 1φ200V 2600VA	合計 [VA]	L₁相	L₂相	回路番号
1								1				850	○		1
2											1	2 600			15
3								1				850		○	2
4											1	2 600			16
5								1				850		○	4
6									1			1 300	○		3
7										1		1 200	○		5
8						7						1 050	○		7
9							1					1 350	○		9
10							1					1 350		○	6
11	3		2		1							402		○	12
12	2	1		2	3							1 290		○	8
13			1			5						786	○		13
14	9			2	2							1 200		○	10
15						5						750	○		11
16						10						1 500		○	14
計												19 928	7 286	7 442	

　図 4.26 の建物の使用目的はすべて住居であり，床面積を 144.74 m^2 と仮定すると，第 4 章で述べたとおり想定の設備負荷容量は次式で求めることができる．

　　　　設備負荷容量 = PA + QB + C

QB は使用目的が住宅以外である場合の部分的標準負荷容量であるため，使用目的が住宅の場合には QB の値は 0 VA となる．したがって，設備負荷容量は，

　　　　設備負荷容量 = 40 VA × 144.77 m^2 + 0 VA + 1 000 VA = 6 790.8 VA

　実際に設備される容量が 850 VA 以上の大型電気機械器具の容量を 12 950 VA とする（表 5.14 より求められる）ため負荷の想定による総設備容量は，

　　　　総設備容量 = 6 790.8 VA + 12 950 VA = 19 740.8 VA

となり，表の総設備容量 19 928 VA と比較すると記入表の総設備容量のほうが大きい値である．したがって，この値から幹線の太さを求めることになる．

　需要率についても表の総設備容量 19 928 VA から大型電気機械器具の容量である 12 950 VA を差し引くと 6 978 VA であり，電灯と小型電気機器の容量の合計は 10 kVA を超えないため適用はない．

　総設備容量が 3 000 VA を超えており，将来の増設を見込むと供給方式は単相 3 線式が適当であると考えられる．総設備容量を 100 で除し，総電流値 199.28 A を求める．

　単相 3 線式電路では総電流値の半分が 1 線に流れる電流値となるため，1 線に流れる電流値は 99.64 A となる．

　周囲温度 35 ℃ で CV ケーブルにより幹線を配線する場合は，表 5.8 に示した表の絶縁物の許容温度 90 ℃ の欄と周囲温度 35 ℃ から 1.35 を選択し，この数値で 1 線に流れる電流値 99.64 A を割ると 73.81 A となる．

　表 5.6 で示された VV ケーブル 3 心以下の欄より求めた 1 線の電流の値よりも大きい値の直径または公称断面積 22 mm^2 の電線を選択する．

　求めた電線の太さ，または 1 線に流れる電流値 73.81 A から表 5.9 により主開閉器ならば 100 A，または過電流遮断器ならば 75 A と容量を選択することができるため，作成した表と電線の太さ，主開閉器および過電流遮断器の容量から分電盤図を作成すると**図 5.6** に示した分電盤図となる．

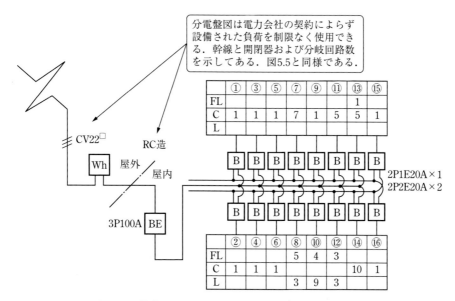

分電盤図は電力会社の契約によらず設備された負荷を制限なく使用できる。幹線と開閉器および分岐回路数を示してある。図5.5と同様である。

図 5.6 鉄筋コンクリート造の建築物の分電盤図

図5.6の分電盤図の一例は木造戸建て住宅の場合と同様であり，電力会社との契約方法によらず，総負荷設備容量に見合う幹線の太さおよび主開閉器の定格容量を備えた分電盤図である。

木造の二階建て住宅の場合と同様に電力会社との契約の種類と容量などについては需要家の意向や家族構成，電気料金や需要家の電気の使い方などの意向を十分に汲んだ上で決定する。

■ 5.1.10　二世帯住宅の屋内配線と幹線設計

二世帯住宅とは，二世帯が同一の住居に居住する住宅で，それぞれの世帯がひとつの屋根の下で暮らす住宅である。

二世帯住宅としての条件はいくつかある。
 (1)　玄関が2つあり，壁や天井などで構造が完全に区切られている。
 (2)　キッチン，洗面，トイレなどが各世帯にあり，機能としても独立している。
 (3)　電気，ガス，水道がそれぞれの世帯で独立しており，各設備の検針などのメータ類が各世帯にある。

登記上も税法上も認められる二世帯住宅は新築である場合が多い。

電気の設計上も二世帯住宅の場合，上記の条件を満たしていなくては認められなかったが，住宅事情などから最小限でキッチンとトイレがそれぞれの世帯にあり，玄関や階段，浴室などを共有しても，世帯としての区分がはっきりしていれば認められることが多い。

ただし，電路は完全に独立していなくてはならないほか，建物の構造や間取りの区分によっては，認められない場合もある。例えば，1階と3階を親のスペース，2階を子供のスペ

ースとするなどの場合には，1階と3階でそれぞれが独立し，共用のスペースを通過しなくては1階と3階の行き来ができないような場合には認められないため，あらかじめ電力会社に相談するのがよい．

　二世帯住宅として認められないが，電気料金をどうしても別々にしたい場合は，子メータ（需要家が施設する電気メータ）を設置することで，親メータ（電力会社の電気メータ）の検針による料金を電力会社と精算した後，子メータを個人で検針し，個人で計算して，個人の間で精算する方法によるか，二世帯住宅として認められる条件を満たすように建物の間取りなどを変更することが必要になる．

　二世帯住宅の屋内配線を設計する場合は，一戸建ての住宅と同様に一世帯ごとに設計を行い，幹線の太さを求めて分電盤の内容を決定する．

　二世帯住宅の場合，幹線がそれぞれの世帯にあるため，電気メータから引込接続点までの幹線の配線の方法が2種類ある．

　図5.7（a）に示すように，それぞれの幹線を引込接続点まで配線し，電力会社の引込線と引込口線との接続部分で分岐する方法（2引込）と，図5.7（b）に示すように1本の幹線を分岐して各世帯の電気メータへ配線する方法とがある．

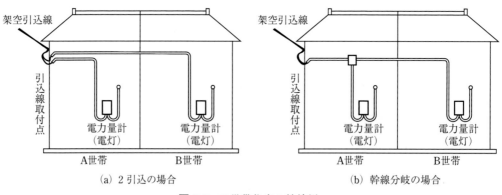

（a）2引込の場合　　　　　　　　　　　　　　（b）幹線分岐の場合

図 5.7　二世帯住宅の幹線例

　2引込方法の場合には引込取付点まで世帯それぞれの幹線を配線するため，電線の太さはこれまでのように設計すればよいが，この場合は基本的に2世帯の幹線の太さを同じ太さにそろえる必要がある．

　引込線を1本の太い幹線で受けて，その幹線を世帯分に分岐する場合，分岐前の太い幹線には二世帯分の負荷電流が流れるため，負荷電流に耐える電線の太さが必要になる．

　図5.8に示すように世帯Aの1線に流れる負荷電流を30A，世帯Bの1線に流れる負荷電流を40Aとすると，世帯Aの幹線は周囲温度30℃でVVケーブルを使用した場合，公称断面積が5.5 mm^{2}の電線となる．

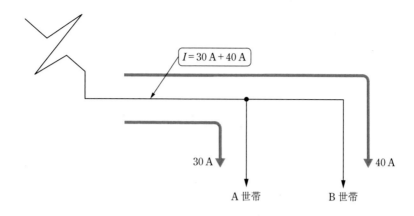

図 5.8　二世帯住宅の幹線設計の例

また，世帯Bは同じ条件でVVケーブルを使用すると公称断面積 $8\,\text{mm}^2$ の電線となる．

世帯Aの負荷電流と世帯Bの負荷電流を合計すると太い幹線1線に流れる負荷電流の値は70Aとなり，周囲温度 $30\,℃$ でVVケーブルを使用した場合，この負荷電流に耐える許容電流を有する電線は公称断面積が $22\,\text{mm}^2$ の電線となる．したがって，公称断面積 $22\,\text{mm}^2$ の電線から負荷電流 $30\,\text{A}$ の幹線として $5.5\,\text{mm}^2$ の電線と負荷電流 $40\,\text{A}$ の幹線として $8\,\text{mm}^2$ の電線とに分岐することになるが，**図 5.9** に示す低圧幹線の過電流遮断器の設置の表で，太い幹線の断面積と分岐する細い幹線の断面積を比較する．

太い幹線から細い幹線に分岐する場合には，太い幹線を保護する過電流遮断器の容量の55％以上の許容電流を有する電線を分岐する場合は，分岐点から細い幹線の過電流遮断器までの距離には制限はない．

太い幹線を保護する過電流遮断器の容量の35％以上で55％未満の許容電流を有する電線を分岐する場合には，分岐点から細い幹線の過電流遮断器までの距離は $8\,\text{m}$ 以内とし，35％未満の場合は $3\,\text{m}$ 以内に過電流遮断器を設置しなくてはならない．

許容電流値をすべて覚えておくことは容易ではないため，細い幹線の断面積が太い幹線の断面積の1/5以上であれば許容電流の35％以上，1/2以上であれば許容電流の55％以上に適合するものとみなすことができるため，これを確認する．

ただし，単純に断面積で判断する場合は，電線の種類が変わらないことが条件である．

図5.8に示した二世帯住宅の幹線設計の場合には，世帯Aの幹線は太い幹線の公称断面積の5.5/22となるため1/4となり分岐点から $8\,\text{m}$ 以内に過電流遮断器を設置する必要がある．また，B世帯の幹線は太い幹線の公称断面積の8/22となるため36％であり1/5以上となるが1/2未満であるため $8\,\text{m}$ 以内に過電流遮断器を設置する必要がある．

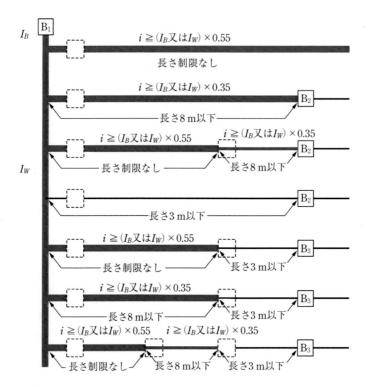

〔備考〕記号の意味は，次のとおりである．

(1) $\boxed{B_1}$：太い幹線を保護する過電流遮断器

(2) $\boxed{B_2}$：細い幹線を保護する過電流遮断器又は分岐回路を保護する過電流遮断器

(3) $\boxed{B_3}$：分岐回路を保護する過電流遮断器

(4) ⌐ ⌐：省略できる過電流遮断器

(5) I_B：$\boxed{B_1}$ の定格電流

(6) I_W：$\boxed{B_1}$ が保護する太い幹線の許容電流

(7) i：細い幹線の許容電流

※内線規程3605−5より抜粋

図 5.9　低圧幹線の過電流遮断器の設置

　したがって，世帯Aおよび世帯Bにおいて分岐点（第一次分岐点）から主開閉器または過電流遮断器までの距離が 8 m 以内であるならば，この電線の太さで分岐すればよい．また，将来の増設を見込んで幹線を選択してもよい．

　例えば，二世帯住宅では親子や兄弟などであることが多く，生活様式や考え方が近い場合も割と多いため，居住スペースに大きな差がない限り，初めの設計は異なっていても，最終的には同じ程度の電気の容量が必要になることも見受けられる．

　使える電気の容量が大きく異なる場合には，親子の間でも不公平感が生じるため，二世帯住宅でも集合住宅と同様にすべての世帯に同じ容量で設計する必要も出てくる．したがって，十分に需要家の希望や予測を取り入れる必要がある．

　図 5.8 に示した例題では太い幹線が公称断面積 22 mm^2 であるため，世帯Aおよび世帯B

に分岐する細い幹線を 1/2 以上の公称断面積 14 mm² にすれば，分岐点より細い幹線の主開閉器や過電流遮断器までの距離を制限なしとすることができる．したがって，電気メータや分電盤の位置および幹線の配線経路を設計する上でも容易に行うことができる．

■ 5.1.11 集合住宅の幹線設計

集合住宅の場合，幹線の配線経路はさまざまである．図 5.10 に示すように建物が横長か縦長なのか，分岐した幹線をどのように配線するのか，配線系統を何系統にするのかによって幹線の設計方法は異なり数多くある．

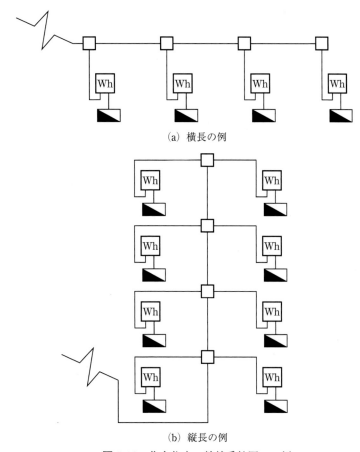

（a）横長の例

（b）縦長の例

図 5.10 集合住宅の幹線系統図の一例

また，低圧の供給は，電灯，動力（電力）の容量を合わせて 50 kW 以下としているため，建物全体で容量を超えると高圧による受電を考えなければならない．

幹線の設計は，住宅，二世帯住宅と同様で，集合住宅は戸建て住宅の集まりと考えて差し支えない．ただし，集合住宅の場合は，生活スタイルがそれぞれの世帯で異なるため，電気の使用量や時間帯にばらつきが生じる．したがって，表 5.15 に示す幹線の総合需要率表を適用することができる．

表5.15　幹線の総合需要率表（内規資料3-6-1より抜粋）

戸　数	総合需要率〔%〕	想定最大負荷〔kVA〕	単相3線式電流〔A〕	配線用遮断器の定格電流〔A〕	電線最小太さ（CVTケーブル）〔mm²〕
1	100	4.0	20	20	14
2	100	8.0	40	40	14
3	100	12.0	60	60	14
4	100	16.0	80	100	22
5	100	20.0	100	100	22
6	91	21.9	110	125	38
7	83	23.3	117	125	38
8	78	25.0	125	125	38
9	73	26.3	132	150	38
10	70	28.0	140	150	38
11	67	29.5	148	150	38
12	64	30.8	154	175	60
13	62	32.3	162	175	60
14	61	34.2	171	175	60
15	59	35.4	177	200	60
16	58	37.2	186	200	60
17	57	38.8	194	200	60
18	56	40.4	202	225	100
19	55	41.8	209	225	100
20	54	43.2	216	225	100
21	53	44.6	223	225	100
22	53	46.7	234	250	100
23	52	47.9	240	250	100
24	51	49.0	245	250	100
25	51	51.0	255	300	150
26	50	52.0	260	300	150
27	50	54.0	270	300	150
28	50	56.0	280	300	150
29	49	56.9	285	300	150
30	49	58.8	294	300	150
31	49	60.8	304	350	150
32	48	61.5	308	350	150
33	48	63.4	317	350	150
34	48	65.3	327	350	150
35	47	65.8	329	350	150
36	47	67.7	339	350	150
37	47	69.6	348	350	150
38	47	71.5	358	400	200
39	47	73.4	367	400	200
40	46	73.6	368	400	200

〔備考1〕　CVTケーブルの電線最小太さは「資料1-3-3　本文記載以外の許容電流表3. 600 V
　　　　　架橋ポリエチレン絶縁ビニル外層ケーブルの許容電流値」における単心3個より，
　　　　　1条布設（基底温度40℃）により算出した．
〔備考2〕　想定最大負荷は，4 kVA/戸における集合住宅（全電化を除く）の例を示す．
〔備考3〕　単相3線式電流は，100/200 V，単相3線式における1線の電流．

　この表で注意することは，幹線が1系統によることであり，幹線が複数に分岐している場
合，その1系統ごとに表5.15を参考に接続されている世帯数を基に幹線を決定し，各系統
が接続される太い幹線で表5.15を参考に接続されているすべての世帯数から需要率を適用

して幹線を決定する必要がある.

図 **5.11** に示す幹線系統図の一例は，16 世帯の集合住宅と共用であり幹線の系統は 3 系統である.

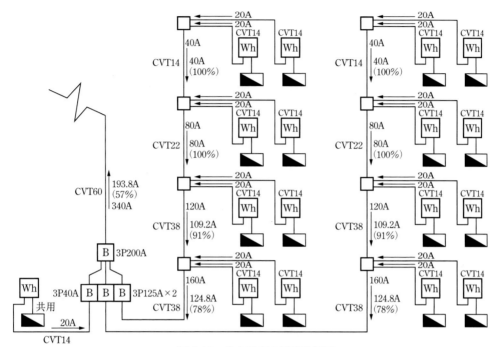

図 5.11 集合住宅の幹線系統図

集合住宅で間取りが似通っている場合の幹線設計では，すべての世帯を同じ容量で考えるのが基本であり，居住部分のほかに廊下や階段などの共用部分が必要になる．したがって，共用の需給計器や分電盤を設置することを忘れてはならない.

図 5.11 に示した集合住宅は，8 世帯が接続されている系統が 2 系統あるため，1 系統ごとに幹線の設計を行わなければならない.

1 世帯の最大負荷と共用の最大負荷をそれぞれ 4 000 VA と想定すると，単相 3 線式の場合には 1 線に流れる負荷電流は 1 世帯につき 20 A となる．2 世帯であれば 1 線に流れる負荷電流は 40 A である．幹線系統図には図 5.11 に示すように負荷電流の値を記載する必要はないが，参考のために 1 線に流れる電流値と需要率を適用した 1 線に流れる電流値，および需要率を記載してある.

図 5.11 に示す CVT とは 600 V 架橋ポリエチレン絶縁ビニル外装ケーブルの単線を 3 本より合わせた電線のことであり，幹線の太さの決定で例に挙げた 3 心の CV ケーブルは 600 V 架橋ポリエチレン絶縁ビニル外装ケーブルの 3 心のものである．図中の CVT ケーブルの幹線の太さは表 5.15 に示してある電線最小の太さに基づいて決定している．表 5.15〔備考 1〕のとおり周囲温度 40 ℃，CVT 単心 3 個よりの許容電流に基づいているため，単に負荷電流

から幹線の太さを求める場合よりも電線の太さが太い設計となっている部分もある．また，CV と CVT では許容電流値が若干ではあるが異なるため，**表 5.16** に CVT の許容電流値を示す．

表 5.16 で許容電流を参照する場合は，敷設条件はケーブル工事であれば空中，暗きょ敷設の欄とし，単相 3 線式の電路の場合には単心 2 個よりの欄を参照すればよい．

表 5.16　600 V 架橋ポリエチレン絶縁ビニル外装ケーブルの許容電流値
（単心 2 個より，単心 3 個より）　（内規資料 1-3-3 より抜粋）　〔単位：A〕

布設条件　　　公称断面積	空中，暗きょ布設		直接埋設布設		管路引入れ布設	
	単　心 2 個より	単　心 3 個より	単　心 2 個より	単　心 3 個より	単　心 2 個より	単　心 3 個より
	1 条布設	1 条布設	1 条布設	1 条布設	2 孔 1 条布　設	2 孔 1 条布　設
mm²						
8	66	62	89	77	66	59
14	91	86	120	100	90	81
22	120	110	155	130	115	105
38	165	155	210	180	160	145
60	225	210	270	230	210	185
100	310	290	360	305	285	250
150	400	380	450	380	360	320
200	490	465	525	445	430	380
250	565	535	590	500	490	430
325	670	635	675	570	570	500
400	765	725	750	635	635	560
500	880	835	830	705	715	645
基底温度	40℃		25℃		25℃	
導体温度	90℃		90℃		90℃	

〔備考 1〕　許容電流の線心数には中性線は含まない．即ち，単相 3 線式は単心 2 個より，三相 3 線式は単心 3 個よりの値をとる．また，三相 4 線式電路に用いる単心 4 個よりは，本表の単心 3 個よりの場合として適用できる．

〔備考 2〕　架橋ポリエチレン絶縁ビニル外装ケーブル（CV ケーブル）においては，表中の単心 2 個よりは「CDV」，単心 3 個よりは「CVT」，単心 4 個よりは「CVQ」と呼称される場合がある．

〔備考 3〕　本表は 600 V 架橋ポリエチレン絶縁耐燃性ポリエチレンシースケーブル（CE/F）の許容電流にも適用できる．

各世帯に分岐する細い幹線 14 mm² は，各分岐点での太い幹線の断面積の 1/5 以上 1/2 未満であり主開閉器までの距離は 8 m 以下である．したがって，最上階の 2 世帯については太い幹線が 14 mm² であるため分岐する細い幹線の断面積の 1/2 以上で主開閉器までの距離に制限はない．

プルボックスから各世帯へ分岐している細い幹線の太さは，1 線に流れる負荷電流 20 A から表 5.9 により VV ケーブルで 2 mm 以上および CV ケーブルで 2 mm² 以上を選択できる．

しかし，総負荷容量が4 000 VAの場合には，15 A分岐回路または20 A配線用遮断器による分岐回路は最低3回路以上存在することになるため，**表5.17** に示す住宅の幹線の太さから5.5 mm^2 以上となる．5.7 電力会社との契約容量決定の目安でも述べるが，単相3線式電路の1線に20 Aの負荷電流が流れると想定される40 AのSB契約では，幹線の太さは最小でも8 mm^2 が必要となる．各世帯の電力会社との契約，負荷電流，各世帯の分岐回路数を考慮した上で増設にも対応できる余裕のある幹線の選択が重要である．

表5.17 住宅の幹線の太さ（内規3605-12より抜粋）

分岐回路数	電線の太さ（銅線）			
	単2		単3	
2	mm^2	mm	mm^2	mm
	5.5	2.6	−	2.0
3	8	3.2	5.5	2.6
4	14		5.5	2.6
5〜6	−		8	3.2
7〜8	−		14	4.0
9〜10	−		14	4.0
11	−		22	5.0

〔備考1〕 この表は，使用電圧100 Vの15 A分岐回路又は20 A配線用遮断器分岐回路のみを対象としているので，使用電圧200 Vの15 A分岐回路又は20 A配線用遮断器分岐回路が含まれる場合は，200 V分岐回路数を2倍した値に100 V分岐回路数を加えた値により上表の単3欄を適用することができる．

〔備考2〕〔備考1〕以外の特殊な分岐回路がある場合及び分岐回路数が上表以外の場合は，1項の規定により電線太さを決定すること．

〔備考3〕 単2で3回路以上の場合において，使用電流が30 Aを超えるおそれがなく，かつ，負荷の増加に応じて単3に変更できる設備については，銅電線2.6 mmとすることができる．

〔備考4〕 電線太さは，金属管（線ぴ）配線及び合成樹脂管（線ぴ）配線において同一管内に3本以下の電線を収める場合，金属ダクト，フロアダクト又はセルラダクト配線の場合及びVVケーブル配線において心線数が3本以下のものを1条施設する場合（VVケーブルを屈曲がはなはだしくなく，2 m以下の電線管などに収める場合を含む．）を示した．
なお，がいし引き配線の場合は，表より一段細くしてもよい．

また，最上階の2世帯では他の世帯と比較しても，特に引込取付点より幹線の距離が長くなるため，分岐のプルボックスから各世帯への配線に14 mm^2 の電線を使用することで電圧降下を小さくすることができる．表5.10に示した単相3線式の場合の電圧降下計算式に，配線のこう長，負荷電流，電線の公称断面積を代入することで電圧降下の値を算出することができる．

図5.11に示した幹線系統図の1系統に，仮定の電線の配線こう長を示した**図5.12** に示す幹線系統図を用いて，電圧降下の計算を行う．例えば，主開閉器の一次側である60 mm^2 の電線では最大負荷電流が193.8 Aであり，ここでは計算が面倒であるため，端数を繰り上げて切りのよい195 Aの最大負荷電流として表5.10に示した電圧降下計算式により電圧降下を

計算すると次式に示すようになる.

$$電圧降下 = \frac{17.8 \times 8\,\text{m} \times 195\,\text{A}}{1\,000 \times 60\,\text{mm}^2} = 0.46\,\text{V}$$

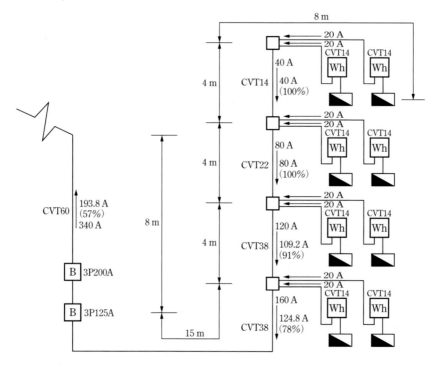

図 5.12　幹線系統図の電圧降下の一例

　このように電圧降下の値を順次計算していく.開閉器からの CVT38 mm^2 を使用した 15 m の部分での負荷電流の値を 125 A とすると電圧降下は 0.88 V となる.次の 4 m (CVT38 mm^2) を負荷電流 110 A とすると電圧降下は 0.21 V となる.また,次の CVT22 mm^2 の 4 m では負荷電流が 80 A であるから電圧降下は 0.26 V となり,一番遠い CVT14 mm^2 の 4 m では負荷電流 40 A であるから電圧降下は 0.20 V と算出することができる.これらの値を合計すると引込接続点から一番遠い幹線の分岐点であるプルボックスまでの電圧降下の値を求めることができる.

　　　　　電圧降下 = 0.46 V + 0.88 V + 0.21 V + 0.26 V + 0.20 V = 2.01 V

　電圧降下を考えるときは各世帯の需要計器の一次側の配線および二次側の分電盤に至る配線も含まれるため,CVT14 mm^2 の分電盤に至る 8 m での電圧降下も計算して先に求めた幹線での電圧降下の計算値である 2.01 V に加算すると,

　　　　　電圧降下 = 2.01 V + 0.20 V = 2.21 V

　この値は供給電圧が 105 V としても 2 %を超えてしまう(105 V の 2 %は 2.1V)ため,電圧降下が 2 %を超えないように幹線の太さを設計する.

　幹線の電圧降下が大きいときは,電線の断面積を太くすることにより電圧降下を小さくす

ることができる．例えば，図5.11の幹線の太さを太く変更した一例を**図5.13**に示す．この例では電圧降下は次式に示すようになる．

電圧降下 = 0.28 V + 0.88 V + 0.21 V + 0.15 V + 0.07 V + 0.20 V = 1.79 V

この計算結果より電圧降下の値が規定である2％以下にすることができる．

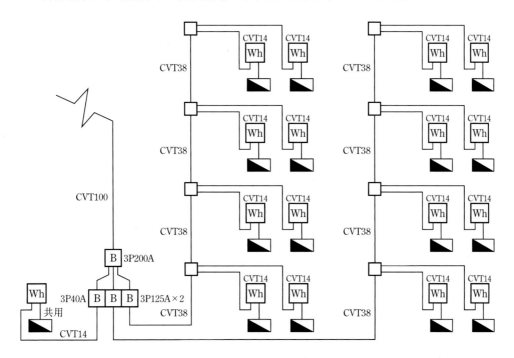

図 5.13　集合住宅の幹線系統図の設計変更例

図5.13では主開閉器の一次側を100 mm^{2}の電線にしたが，60 mm^{2}の電線でも電圧降下は約2 VでありCVT60 mm^{2}でも差し支えない．また，負荷電流によらず4階のプルボックスまでCVT38 mm^{2}を用いて幹線を配線することで，より電圧降下を軽減することもできる．

集合住宅では幹線のこう長が一戸建て住宅に比べて長く，幹線に流れる負荷電流の値も大きくなるため，電圧降下を十分に考慮に入れて幹線の太さを設計する必要がある．

また，集合住宅の場合は一世帯当たりの最大の容量をどの位に設定するのかをあらかじめ考慮して設計を行い，全世帯が同じ間取りである場合などでは特に最大容量で受電できるようにしなくてはならない．

また，電力会社の配電線での電圧降下などの供給状況や，建物の形状による電線の経路などに影響されることもあるため，あらかじめ電力会社と図面による協議を行い，幹線の太さの確認をしておく．

5.2　動力配線の配線設計

　住宅の電路および電気機械器具は，対地間電圧を 150 V 以下とすることが（電気設備技術基準解釈 162 条による）定められているため，原則として対地間電圧の値が 150 V を超える電気機械器具を施設することはできない．

　単相 3 線式 100 V/200 V では線間電圧が 200 V でも対地間電圧は 100 V であるため施設には問題はないが，三相 3 線式 200 V では線間電圧および対地間電圧が 200 V であるため，対地間電圧の値が 300 V 以下の電路に該当する．

　三相 3 線式 200 V の電路は比較的大きな動力（モータ類）や電熱（ヒータ）などの電気機械器具を使用するための電路である．したがって，一般に動力と呼ばれ，店舗，工場などに施設されている．

　ただし，住宅でも非常に間取りが大きく，何十畳もの広さのリビングに設置されるエアコンなどの空調機では，単相モータでは容量不足のため三相モータなどの電気機器が必要となり，消費電力が 2 kW 以上で電気機械器具を固定して使用する場合は，住宅でも例外として三相 3 線式 200 V 電路を施設することが認められている．

　これは，2 kW 未満の電気機械器具であれば単相 200 V の電路で対応することができるためである．

5.3　電気器具・電動機の配置

　これまでに配線設計で配置してきた電灯（対地間電圧 150V 以下の電路）や電気機械器具の配線用図記号での配置と異なる部分について述べる．

　動力の場合は実際に設備される電気機械器具の容量で契約する場合が多いため，電気機械器具の仕様が重要になる．単相のエアコンでは電力会社との契約の方法によりエアコンの容量と契約とが直接関係がない場合が多い．しかし，動力の場合は負荷の容量で契約する場合が多いため，エアコンの交換や増設を行って容量が変更された場合などでは電力会社との契約を更新しなければならない．

　エアコンには室内機と室外機とがあり，室内機には送風用のモータと室外機には冷媒の圧縮機と熱交換器用のモータがあり，寒冷地などでは凍結防止用のヒータが装備されている場合も多い．このようなエアコンの場合であれば建築平面図に送風用のモータや圧縮機などの配線用図記号をひとつひとつ配置しなければならない．

　住宅の場合では，動力の電気機械器具は複数施設されることは少ないため，平面図に配置した配線用図記号の余白のところに仕様を傍記するとよい．

　仕様については，電気機械器具のメーカ名，型番，各モータやヒータの消費電力，運転電流，力率，定格電圧などである．これらは契約電力を算定するために必要である．

　負荷の算定には電動機などの銘板に表示されている定格電流値（全負荷電流）を基準とす

るが，汎用の電動機の場合には定格出力に応じた規約電流を定格電流として適用できる．三相かご形誘導電動機の規約電流値を**表5.18**に示す．

表5.18 三相かご形誘導電動機の規約電流値（内規資料3-7-3より抜粋）

出力〔kW〕	規約電流〔A〕	
	200 V用	400 V用
0.2	1.8	0.9
0.4	3.2	1.6
0.75	4.8	2.4
1.5	8.0	4.0
2.2	11.1	5.5
3.7	17.4	8.7
5.5	26	13
7.5	34	17
11	48	24
15	65	32
18.5	79	39
22	93	46
30	124	62
37	152	76
45	190	95
55	230	115
75	310	155
90	360	180
110	440	220
132	500	250

〔備考〕　使用する回路の標準の電圧が220 V及び440 Vの場合は，200 V及び400 Vのそれぞれ0.9倍とする．

　動力の配線は原則として電動機1台ごとに専用の分岐回路を設けて設置しなくてはならない．ただし，15 Aの分岐回路または20 Aの配線用遮断器による分岐回路において電動機の定格容量の総計が2.25 kW以下とし，各電動機に手元開閉器を施設する場合や2台以上の電動機それぞれに過負荷保護装置を設けた場合には，1台ごとの専用回路によらなくてよい．

　動力回路の配線の場合は電灯回路の配線を行う場合とは異なり，ジョイントボックスなどを配置することは少ない．配線は隠ぺい配線とし，ケーブル工事，金属管工事または合成樹脂管工事により，容易に人が触れるおそれのないように施設しなければならない．また，電力会社との契約によるが電気機械器具にはコンセントに差込プラグを差し込んで使用するのではなく，電気機械器具へ直接接続しなければならないため，原則としてコンセントの配置をすることもない．

　住宅の場合は，三相の電路に単相の負荷が接続されることは少ないためここでは省略する．また，住宅の場合には三相電路により照明や負荷の点滅器も使用することはないため，照明やスイッチの配線用図記号を配置することもない．

　また，三相の負荷は平衡負荷であることが原則であるから不平衡率については単相3線式

の不平衡率との違いを述べることに留める.

　単相3線式の場合は L_1 相と N 相（中性線）に接続された負荷の合計と，L_2 相と N 相に接続された負荷の合計の差である.

　しかし，三相の場合は R 相と S 相に接続された単相負荷の合計と，S 相と T 相に接続された単相負荷の合計および T 相と R 相に接続された単相負荷の合計のうち最大と最小の差をとる.　単相3線式の場合は総設備容量の1/2であるが，三相の場合は総設備容量の1/3である.

　設備不平衡率は単相3線式の場合は40％以下であるのに対して，三相の場合は30％以下としなければならない.　設備不平衡率の計算式を下記に示す.

$$設備不平衡率 = \frac{各線間に接続される単相負荷総設備容量の最大最小の差}{総負荷設備容量の1/3} \times 100 〔\%〕$$

　内線規程に掲載されている三相200 V の不平衡率の計算例を**図 5.14** に示す.　この計算例の場合には設備不平衡率が92％となり，規定の30％の限度を超えてしまうため，30％以下となるように改修しなくてはならない.

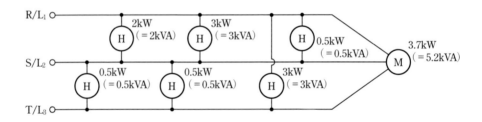

　〔備考〕　電動機の数値が異なるのは，出力kWを入力kVAに換算したためである.

$$設備不平衡率 = \frac{5.5 - 1}{14.7 \times 1/3} \times 100 = 92\%$$

　　この場合は，30%の限度を超える.
　　（内規1305－2より抜粋）

図 5.14　三相 200V線の不平衡率

　電気機械器具に電気を供給する300 V 以下の電路には，充電部が露出することがなく専用の開閉器，過電流遮断器および漏電遮断器などの配線器具を必ず取り付けて施設しなくてはならない.　これらの配線器具を屋内に取り付ける場合には取扱者以外のものが容易に触れるおそれがないように施設しなくてはならない.

　図 5.15 に示すのは住宅の2 kW 以上のエアコンの施設例である.　住宅の場合には，三相の分電盤や制御盤などを住居目的で使用する屋内に設置できないため，屋外に設置するのが一般的である.　屋外に設置する場合は，防水箱に収めるか市販の制御盤などでは防水型のものを用いる.

　図 5.15 の建築平面図はすべてが居住目的の住宅であるため，屋外に三相電路の開閉器な

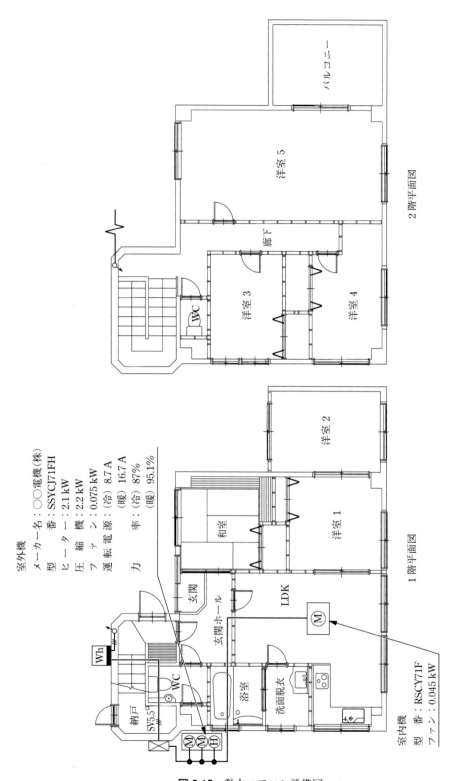

図 5.15 動力エアコン設備図

どを収めた分電盤や制御盤を施設し，エアコンの電源を配線してエアコンの室外機に直接接続（直結）している．

　セントラルヒーティングなど大きな容量の空調設備の場合には，機械室（住宅での納戸やユーティリティとは異なる）などを設けて分電盤や制御盤および電気機械器具などを設置する．

5.4　幹線の太さの決定

　配線用図記号の配置と配線を終えたところで，配線および幹線の電線の太さを考える．単独の電動機に電気を供給する場合には，電動機の定格電流が 50 A 以下の場合では，電動機の定格電流の 1.25 倍以上の許容電流を有する電線とする．電動機の定格電流が 50 A を超える場合には，電動機の定格電流の 1.1 倍以上の許容電流を有する電線を分岐の電線として使用しなくてはならない．

　表 **5.19** に 200 V 三相誘導電動機を 1 台のみ接続した場合の分岐回路の電線の太さを示す．

　負荷が電動機のみの幹線の太さは，分岐回路の電線と同様に電動機の定格電流の合計が 50A 以下の場合では，電動機の定格電流の合計の 1.25 倍以上の許容電流を有する電線とする．また，電動機の定格電流の合計が 50 A を超える場合には，電動機の定格電流の合計の 1.1 倍以上の許容電流を有する電線を幹線として使用しなくてはならない（内規 3705 - 6　2 項より）．200 V 三相誘導電動機の場合には，1 kW 当たり 4 A として定格電流の合計とすることができる．馬力表示の場合は，馬力に 3/4 を乗じると kW に変換できる．kW 表示を馬力表示に変換したい場合には kW に 4/3 を乗じると馬力に変換できる．

表 5.19　200 V三相誘導電動機1台の場合の分岐回路（配線用遮断器の場合）（銅線）

定格出力	全負荷電流（規約電流）	配線の種類による電線太さ						移動電線として使用する場合のコード又はキャブタイヤケーブルの最小太さ	過電流遮断器(配線用遮断器)〔A〕		電動機用超過目盛り電流計の定格電流	接地線の最小太さ
		がいし引き配線		電線管，線ぴ及び3本以下の電線を収める場合及びVVケーブル配線など		CVケーブル配線			じか入れ始動	始動器使用（スターデルタ始動）		
〔kW〕	〔A〕	最小電線	最大こう長	最小電線	最大こう長	最小電線	最大こう長				〔A〕	
		mm	m	mm	m	mm²	m	mm²				mm
0.2	1.8	1.6	144	1.6	144	2	144	0.75	15	-	5	1.6
0.4	3.2	1.6	81	1.6	81	2	81	0.75	15	-	5	1.6
0.75	4.8	1.6	54	1.6	54	2	54	0.75	15	-	5	1.6
1.5	8	1.6	32	1.6	32	2	32	1.25	30	-	10	1.6
2.2	11.1	1.6	23	1.6	23	2	23	2	30	-	10, 15	1.6
3.7	17.4	1.6	15	2.0	23	2	15	3.5	50	-	15, 20	2.0
5.5	26	2.0	16	5.5mm²	27	3.5	17	5.5	75	40	30	5.5mm²
7.5	34	5.5mm²	20	8	31	5.5	20	8	100	50	30, 40	8
11	48	8	22	14	37	14	37	14	125	75	60	8
15	65	14	28	22	43	14	28	22	125	100	60, 100	8
18.5	79	14	23	38	61	22	36	30	125	125	100	8
22	93	22	30	38	51	22	30	38	150	125	100	8
30	124	38	39	60	62	38	39	60	200	175	150	14
37	152	60	51	100	86	60	51	80	250	225	200	22

〔備考1〕　最大こう長は，末端までの電圧降下を2%とした．

〔備考2〕　「電線管，線ぴに3本以下の電線を収める場合及びVVケーブル配線など」とは，金属管（線ぴ）配線及び合成樹脂（線ぴ）配線において同一管内に3本以下の電線を収める場合・金属ダクト，フロアダクト又はセルラダクト配線の場合及びVVケーブル配線において心線数が3本以下のものを1条施設する場合(VVケーブルを屈曲がはなはだしくなく，2 m以下の電線管などに収める場合を含む．)を示した．

〔備考3〕　電動機2台以上を同一回路とする場合は，幹線の表を適用のこと．

〔備考4〕　この表は，一般用の配線用遮断器を使用する場合を示してあるが，電動機保護兼用配線用遮断器（モーターブレーカ）は，電動機の定格出力に適合したものを使用すること．

〔備考5〕　配線用遮断器の定格電流は，当該条項に規定された範囲において実用上ほぼ最小の値を示す．

〔備考6〕　配線用遮断器を配・分電盤，制御盤などの内部に施設した場合には，当該盤内の温度上昇に注意すること．

〔備考7〕　交流エレベーター，ウォーターチリングユニット及び冷凍機については，資料3-7-5，3-7-6を参照のこと．

〔備考8〕　この表の算出根拠は，資料3-7-4を参照のこと．

〔備考9〕　CVケーブル配線は，資料1-3-3 2. 600V架橋ポリエチレン絶縁ビニル外装ケーブルの許容電流（3心）の許容電流を基底温度30℃として換算した値を示した．

　仮に定格出力 1.5 kW の電動機が 2 台と定格出力 2.2 kW の電動機が 1 台の合計 3 台の 200 V 三相誘導電動機が幹線に接続されている場合では幹線の太さを次のように求める．

　まず，表5.18に示した規約電流値を参照して定格電流値の合計を求めると次のようになる．

　　　定格電流の合計 = 8 A + 8 A + 11.1 A = 27.1 A

　したがって，定格電流の合計が27.1 A であり定格電流の合計が 50 A 以下の場合に該当するため，定格電流値を1.25倍した値を求めて，求めた値以上の許容電流値を有する電線を選択する．

　　　　幹線の許容電流 ≧ 27.1 A × 1.25 ＝ 33.875 A

　したがって，算出した負荷電流値 33.875 A 以上の許容電流値を有する電線を幹線とすることができるため，VV ケーブルとすると表 5.6 より公称断面積が 8 mm^2 の電線を最小の太さとして使用することができる．

　幹線に電動機のほかに電灯や加熱装置が接続されている場合には，各分岐回路に接続された機械器具の定格電流の合計以上の許容電流を有する電線を使用しなければならない．

　しかし，幹線に接続された負荷において，始動電流の大きい電動機などの負荷の定格電流の合計が加熱装置などの負荷の定格電流の合計よりも大きい場合は，電動機など始動電流の値が大きい負荷については，電動機だけの場合と同様の計算を行った上で，他の負荷の定格電流の合計を加えた値以上の許容電流を有する電線を幹線として使用しなければならない．

　図 5.16 に幹線の太さを求める一例を示す．

三相誘導電動機はすべてじか入始動とする．

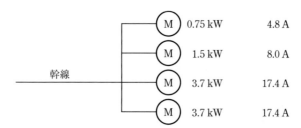

表 5.18 の規約電流より定格電流値を求めると
定格電流値の合計 ＝ 4.8 A ＋ 8.0 A ＋ 17.4 A ＋ 17.4 A
　　　　　　　　 ＝ 47.6 A
定格電流の総和は 47.6 A であり 50 A 以下であるので
使用電流 ＝ 47.6 A × 1.25 ＝ 59.5 A となる．
したがって周囲温度 30℃ で VV ケーブルを使用した
場合には 14 mm^2 となる．

図 5.16　幹線の太さの決定

5.5　幹線の過電流遮断器の容量と過負荷保護装置

　電動機へ電気を供給する分岐回路には，開閉器および過電流遮断器を取り付けなくてはならない．また，電動機には過負荷の場合に焼損に至らないよう電動機用ヒューズや電動機保護用の配線用遮断器，サーマルリレーなどの過負荷保護装置も取り付けなくてはならない．

　三相誘導電動機は欠相すると電動機の巻線に大きな電流が流れて巻線を焼損するおそれがあるため，過電流遮断器においても欠相保護装置付きのものを使用する．

　回路の負荷に電動機が多い三相の動力負荷の場合では，これまで述べてきた単相の電灯負荷とは異なり，電線には電動機の大きな始動電流が流れるため過電流遮断器が始動電流により誤動作をしないように定格電流値を次のように設定しなければならない．

　過電流遮断器の定格電流は**図 5.17** に示すように，電動機の定格電流が 50A 以下の場合に

は定格電流の3倍，電動機の定格電流値が50Aを超える場合には定格電流値の2.75倍に，他の電気機械器具の定格電流の合計を加えた値のものとする．この場合は，電動機の始動電流により動作しない定格のものでなければならない．

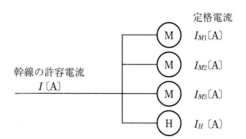

$(I_{M1}+I_{M2}+I_{M3}) \leqq 50$ Aの場合
　$3 \times (I_{M1}+I_{M2}+I_{M3}) + I_H \leqq 2.5 \times I$ ならば
　定格電流 $= 3 \times (I_{M1}+I_{M2}+I_{M3}) + I_H$
　$3 \times (I_{M1}+I_{M2}+I_{M3}) + I_H > 2.5 \times I$ ならば
　定格電流 $\leqq 2.5 \times I$

$(I_{M1}+I_{M2}+I_{M3}) > 50$ Aの場合
　$2.75 \times (I_{M1}+I_{M2}+I_{M3}) + I_H \leqq 2.5 \times I$ ならば
　定格電流 $= 2.75 \times (I_{M1}+I_{M2}+I_{M3}) + I_H$
　$2.75 \times (I_{M1}+I_{M2}+I_{M3}) + I_H > 2.5 \times I$ ならば
　定格電流 $\leqq 2.5 \times I$

図5.17 過電流遮断器の定格電流

また，分岐された電線の許容電流が100Aを超える場合には，求めた定格電流値に過電流遮断器の定格電流で該当するものがない場合には，求めた定格電流値の直近上位の値とすることができる．

幹線を保護する過電流遮断器についても分岐回路と同様に設置しなければならない．幹線を保護する過電流遮断器の定格電流は，その幹線に接続される電動機などの定格電流の合計を3倍した値に，その他の電気機械器具の定格電流を加えた値以下とするが，その値が幹線の許容電流を2.5倍した値を超える場合には幹線の許容電流を2.5倍した値以下を過電流遮断器の定格電流とすることができる．

住居目的の建物で三相200Vを使用する場合では，その負荷がエアコンである場合が多く，エアコンの仕様書には最小の電線の太さと配線用遮断器の容量も明記されていることが多いため，住宅の場合でエアコンが複数台でなく1台であれば仕様書どおりの配線と配線用遮断器の容量で設備を設置して差し支えない．

図5.18に図5.15で示したエアコンへの配線の配電盤図を一例として示す．

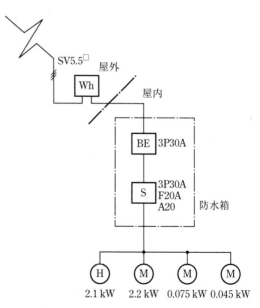

図5.18 エアコンへの配電盤図例

5.6　深夜電力の配線

　最も電力需要の少ない時間帯である夜11時から翌朝7時までの間に通電して電気給湯器（電気温水器）などでお湯を沸かすための電気配線設備である.

　夜11時に通電し，翌朝7時に電気を遮断するために電力会社のタイムスイッチを使用する. 電気メータによる計量は一般の電灯などの負荷とは別の電気メータによる計量となる. 供給電気方式は主に単相2線式200Vである.

　図 5.19に従量電灯契約と深夜電力の契約の場合の標準の引込口配線を示す. 従来の電気給湯器での配線ではタイムスイッチにより午前7時から午後11時まで電気が遮断されるために貯湯した分を使い切った場合には，沸き増しをすることができないためお湯を使えなくなる. この沸き増しとは午前7時から午後11時までの時間に電気給湯器のスイッチを入れてお湯を沸かすことを指す.

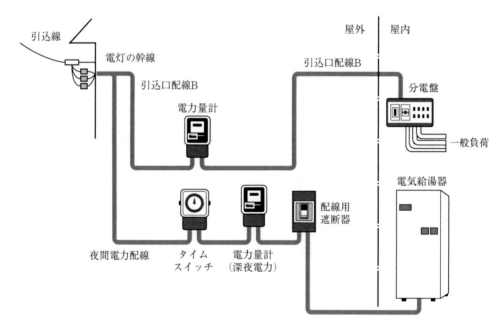

図 5.19　従量契約＋深夜電力契約の標準引込口配線

　図 5.20（a）に示す引込口配線は，時間帯別電灯契約の場合の標準の引込口配線であり，図 5.20（b）に示すのは従来型の温水器にタイムコントローラを取り付けて沸き増しを可能にするなどの設備の変更により，標準の引込口配線によらない場合の引込口配線の一例である. 図 5.20（a）（b）の場合には電気メータは誘導式のものでなく電子式の時間帯別電灯用電気メータとなる. この電気メータは1つで昼間時間帯の電力使用量および夜間時間帯の電力使用量を計量することができる.

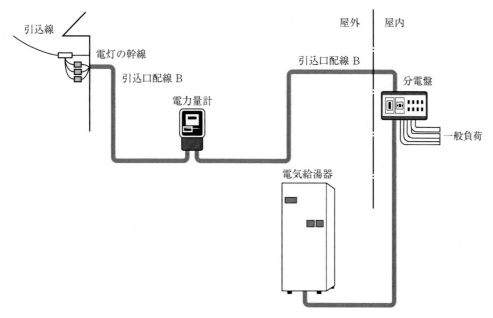

（a）時間帯別電灯契約の標準配線方式

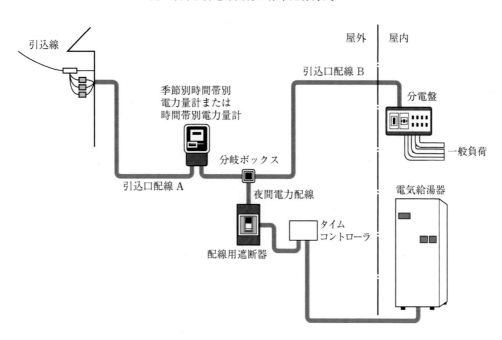

（b）時間帯別電灯契約の標準によらない場合

図 5.20 引込口配線の一例

図 5.21 に時間帯別電灯用電気メータを示す．この電気メータの寸法は単相 3 線式の従量電灯に使用される電気メータとほぼ同じ大きさである．

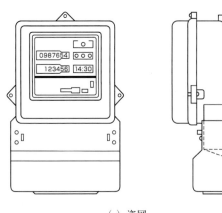
(a) 姿図

(b) 実体図

図 5.21　時間帯別電気メータ

5.7　電力会社との契約容量決定の目安

　電力会社との契約の方法を決定するためには，需要家の意向や家族構成（人数など）および建物の間取りなどが重要になってくる．

　前章の図 4.24 に示した二階建ての木造住宅の例で述べれば，電気料金は高くなってもブレーカが落ちて停電しては困る方であれば，図 5.5 に示した分電盤図の内容により電力会社と契約すればよい．

　電力会社との契約の種類や方法については第 8 章で述べるが，この場合に考えられる電灯の契約としては，電気メータによる計量を行う従量制である．従量制 A，B，C の 3 種類のうちで条件が適合する契約種別は従量制 C となる．

　ただし，従量制 C の負荷設備契約の場合にはコンセントに差し込まれる電気機械器具もすべて確認できなくてはならないため，予備に 1 つでも多くコンセントの口数が欲しい現在の需要から考えれば，部屋に照明 1 灯とコンセント 1 つのように電気設備が少なくても十分であった時代と異なり，あまり状況に則してない上に，確認できる状況を立会い検査で実現することも困難になってきているため，選択肢に含めないことが多い．

　回路契約の場合であれば建物の使用用途が住宅であるため，15 A の分岐回路および 20 A の配線用遮断器の分岐回路の容量は 1 回路につき 770 VA であり，12 回路中の大型電気機器への専用回路などを除いた 6 回路がこれに当たる．したがって，770 VA に 6 を乗じた 4 620 VA となり，4 部屋ある洋室の各エアコンの容量を 941 VA，台所の 200 V のエアコンの容量を 2 549 VA，電子レンジを 1 450 VA と設定しているため大型電気機器の容量の合計は 7 763 VA となるため，契約対象である分岐回路の容量の合計は 12 383 VA となる．

　第 8 章で述べる契約約款より契約容量を算出すると以下のようになる．

　　　　契約容量 = 6 × 0.95 + (12.383 − 6) × 0.85 = 5.7 + 5.4255 = 11.1255 kVA

算出された値の小数点以下を四捨五入して 11 kVA 契約となる．

　主開閉器契約の場合には主開閉器の定格電流の値で契約するため，定格電流値は 100 A であるから契約約款より 20 kVA 契約となる．回路契約 11 kVA 契約と主開閉器契約 20 kVA 契約の場合には，分電盤図は図 5.5 の状態で契約すればよい．

　この住宅を使用する家族が 5 人以上であれば，この契約で電気の供給を受けても電気料金を考えた場合でも差し支えはないが，3 人や 2 人の場合などの少人数では電気を一度に使用することは考え難い．

　また，電気の使い過ぎによりブレーカが落ちたり，大型電気機器を使用している時には別の大型電気機器は使用しないなどの電気の使い勝手が制限されても電気料金を低く抑えたいと希望される方などの需要家の意向による場合には，住宅で電気を一番使用すると考えられる冬や夏の夕方などに一度に使用する可能性が高い大型電気機器の容量と電灯の容量を試算してみる．

　家族 3 人として考えてみると，夕食の仕度で炊飯器や電子レンジ，台所（居間など）のエアコンや子供部屋のエアコン，家中の照明をすべて点灯させておくことは考え難い．そこで，主な照明とテレビなどの電気機器を使用すると考えて 1 000 VA 程度加算してみる．

　エアコン 2 台で 2 549 VA と 941 VA，炊飯器と電子レンジで 800 VA と 1 450 VA，照明などで 1 000 VA 程度考えると合計は 6 740 VA となる．

　したがって，家族 3 人の場合には 6 740 VA と 6 000 VA は超えているが約 7 000 VA の容量があれば賄えると考えられる．また，ここではエアコンに 2 549 VA と大きな値で設定しているため，これを 1 500 VA 程度のエアコンで考えると約 5 000 〜 6 000 VA でも賄えると考えることができる．

　6 000 VA の容量を使うことができる契約は従量電灯 B の最大容量である 60 A 契約，または従量電灯 C の主開閉器契約の 6 kVA である．主開閉器契約の場合は 6 kVA のすぐ上の契約容量は 8 kVA になる．回路契約の場合では分岐回路数を減らさない限り 6 000 VA の容量を使用できても契約容量を減らすことができないために電気使用の基本料金を低く設定できない．

　この場合の分電盤図を**図 5.22**（a）に従量電灯 C の主開閉器契約，（b）に従量電灯 B の場合を示す．幹線の太さは従量電灯 B の 60 A 契約，または従量電灯 C の主開閉器契約の 6 kVA 契約に使用できる最小の太さで記入してある．決定した契約容量を最大容量（MAX 設定）とすると総設備負荷容量に関わらず幹線の太さを決定することができる．

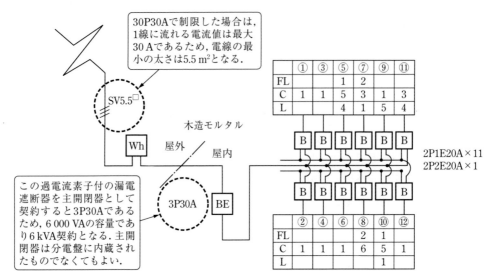

（a）従量電灯Cの主開閉器契約の 6 kVA契約

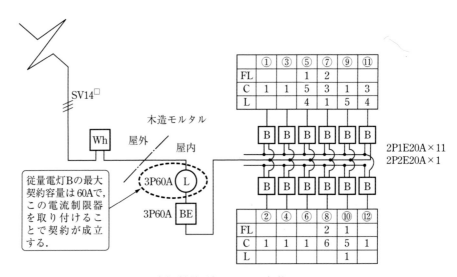

（b）従量電灯Bの60 A契約

図 5.22 電力会社との契約の種類

　図5.5に示した分電盤図の幹線はSV 38 mm²，CV ケーブルを使用した場合でも公称断面積22 mm²となるため図4.24に示した二階建ての木造住宅の床面積や間取りにしては幹線としては太いほうである．

　従量電灯Bの60 A契約は，L_1相とL_2相の負荷電流の合計が60 Aまで使用できる電流制限器を取り付ける契約であるため，L_1相に60 A，L_2相に0 Aの負荷電流が流れる極端な状態も考えられる．したがって，幹線の太さはSV 14 mm²となる．

　主開閉器契約で6 kVAの場合には主開閉器の定格電流は30 Aである．主開閉器の定格電

流は L_1 相と L_2 相のそれぞれの 1 線に最大 30 A の負荷電流を流すことができるため，幹線の最小の太さは SV 5.5 mm^2 となる．6 kVA のすぐ上の契約容量である 8 kVA の場合には，主開閉器の定格電流は 40 A であり幹線の最小の太さは SV 8 mm^2 となる．

いずれの契約の場合にも幹線の太さは図 5.5 の SV 38 mm^2 で差し支えないが，将来の増設を見込んだとしても電力会社との契約方法や需要家の家族構成，需要家の要望によっては幹線の太さを必ずしも SV 38 mm^2 とすることもない．

電力会社の契約の内容をより理解されると負荷の設備数に関わらず，契約方法や契約容量をあらかじめ決定した上で幹線の太さを決定することも可能である．

第6章

単線配線図を複線配線図に直す

　住宅の屋内配線図は単線配線図で描かれている．したがって，実際に電線を用いて配線するには屋内配線の単線配線図を複線配線図に描き直し，配線に用いる電線の条数や電線同士の接続および器具端子への接続を行って電気回路を組み立てている．しかし，実際の作業では単線配線図を複線配線図に描き直さず，複線配線図の電気回路を頭の中で組み立てて屋内配線作業を行っている．

　屋内配線の電気回路が複雑な回路となり，初めて配線するような複雑な電気回路では，単線配線図を複線配線図に描き直して配線を行うほうが，電線の条数や誤結線のおそれが少なくなることと思う．また，屋内配線に用いる電線にVVFを用いて配線を行う場合，VVFは**図6.1**に示すようにIV電線の上に，このIV電線を保護するための絶縁体としてビニルを用いてシース（包む）した電線である．

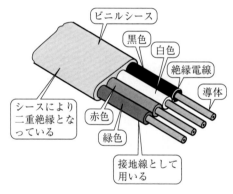

・600 Vビニル絶縁ビニルシース平形（VVF）または丸形（VVR）はIV電線の上に保護するためのビニルを用いてシースされている．
・VVFをステープルなどを用いて直接造営材などに取り付けて使用することができる．
・シースの内部のビニル絶縁電線は造営材に直接触れてはならない．
・絶縁電線の識別は絶縁体の表面の色で識別され，原則として使用される色は黒色，白色，赤色および緑色で2心から4心のVVF（VVR）が作られている．

図6.1　600 Vビニル絶縁ビニルシース平形電線

　VVFに用いられているIV電線の数は2心のものから4心までのものが作られている．この絶縁電線の識別のためにIV電線の絶縁体表面の色の違いで識別されている．電線の色による識別は原則として次に示すように識別されている．

　　　2心：黒色・白色

　　　3心：黒色・白色・赤色

　　　4心：黒色・白色・赤色・緑色

　したがって，複線配線図を書く場合，識別されている電線の色の使い方を間違えないように注意しなければならない．また，**図6.2**に示すIV電線（600 Vビニル絶縁電線）の絶縁体の表面の色は，黒色，白色，赤色，緑色，黄色，青色の6色の絶縁電線があり，電線の用途に適合した絶縁体の色の電線を使用すればよい．

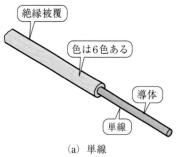

・600 Vビニル絶縁電線（IV）で，単線での導体径は0.8 mmから5 mmまである．
・低圧屋内配線で使用される単線は1.6 mm, 2.0 mm, 2.6 mmおよび 3.2 mmまでの絶縁電線が使用されている．
・絶縁被覆の色は，導体が軟銅線の場合には，黒色，白色，赤色，緑色，黄色および青色の6色の絶縁電線がある．

(a) 単線

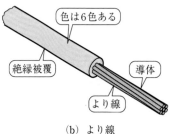

・600 Vビニル電線（IV）で，より線ではその導体の太さは0.9 mm^{2}から500 mm^{2}までの電線が作られている．
・低圧屋内配線では3.5 mm^{2}程度以上の絶縁電線が使用されている．
・絶縁被覆の表面の色は導体が軟銅線の場合には黒色，白色，赤色，緑色，黄色および青色の6色の絶縁電線がある．

(b) より線

図 6.2　600Vビニル絶縁電線

このように色により識別されている電線を用いる際に守らなければならない施工条件としては，

(1)　点滅器（スイッチ）は非接地側点滅とし，点滅器の電源電線は黒色の絶縁被覆電線を使用する．

(2)　屋内配線の極性識別（色別表示）は，接地側電線には白色の絶縁電線を使用する．また，コンセントおよび引掛けシーリングローゼット等の接地側端子（近傍に文字記号で"N"または"W"もしくは文字で接地側と表示されている）には接地側電線を接続しなければならない．

(3)　屋内配線では配線の途中での接続はいかなる方法を用いても電線の接続を行うことはできない．電線の接続を行う場合には必ずアウトレットボックス内やジョイントボックス内で接続を行わなければならない．

と施工条件で定められている．したがって，必ずこれらの条件を守って電気回路の配線を行わなければならない．

6.1　複線配線図に用いる配線用図記号

屋内配線に用いられる電気回路はどんなに複雑だと思われている回路でも基本回路を組み合わせて電気回路が組み立てられている．したがって，屋内配線の基本回路をVVFを用いて配線する場合，使用するVVFの絶縁電線の被覆の色が定められており，使用する電線の絶縁体の色に注意して配線しなければならない．また，配線の誤接続を防ぐためにも複線配

線図の配線を書いていく手順が大切である.

特に白色の絶縁被覆の電線は接地側電線で,必ず負荷(コンセント,ランプレセプタクル等)の器具端子には電源からの接地側電線が直接接続されている.また,黒色の絶縁被覆の電線は非接地側電線で点滅器の端子には電源からの非接地側電線を直接接続しなければならない.このような"きまり"を守りながら単線配線図を複線配線図に書き換えていく手順と使用する VVF の絶縁体の色について述べる.

単線配線図では使用する電気器具は JIS(JIS C 0303)で定められている配線用図記号を用いて描かれている.しかし,複線配線図に用いる配線用図記号については定められていない.特に,接地側電線を接続する電気器具の端子を間違わないようにするため,本書では**表6.1** に示すような独自の配線用図記号を用いて配線図を描いている.

表 6.1 配線用図記号

名　　　称	図記号(JIS C 0303)	図記号(複線配線図用)	適　　用
VVF 用ジョイントボックス			配線の接続はジョイントボックス内で行う.
ジョイントボックス(アウトレットボックス)	□　⊠ アウトレットボックス		
ランプレセプタクル	Ⓡ		
引掛けシーリング(角)ローゼット　　(丸)	( )　( )	N—[ ]—N	接地側電線はNまたは接地側の表示のある端子に接続する.
シーリング(天井直付)	Ⓒ L	N	
一般用照明白熱灯	◑WP	WP	壁付きは壁面を塗る.防水形はWPを傍記する.
点滅器(単極)	●		
点滅器(3路)	●3	0　1　3	端子記号 0 の端子に黒色の絶縁被覆の電線を接続する.
点滅器(4路)	●4	1　2　3　4	端子記号1と3,2と4とはそれぞれ接触しない端子である.
点滅器(2極)	●2P		2極スイッチは2極が同時に閉じる2極単投に用いるスイッチである.
自動点滅器	●A(3A)	CdS　S　1　2　3　↓　A(3A)　1 2 3	屋外灯などに使用する自動点滅器はAおよび容量を傍記する.

コンセント（一般形）	（壁付）	W	接地側電線は必ず溝の長い左側の端子に接続する．
コンセント（接地極付）	（接地極付）E	W E	接地側電線を接地端子Eに接続してはならない．
確認表示灯（パイロットランプ）	○	—(PL)—	パイロットランプ（PL）は電灯と同じように取り扱う．
換気扇	∞	—(∞)—	

また，複線配線図の配線を描く際に使用する電線の絶縁被覆の色が大切である．複線配線図の配線を描く電線の絶縁被覆の色は色鉛筆やカラーボールペンを用いて書き分けることができる．しかし，色分けした電気回路の複線配線図を白黒コピーすると全部黒色となる．

そこで**表6.2**に示す普通の鉛筆を用いても絶縁被覆の色が識別できるように配線を描く線の線種を替えて配線図を描けば，VVFの絶縁被覆の色を識別することが可能となる．例えば，絶縁被覆の色が黒色の配線には実線を用い，白色の配線には破線（点線）を用い，赤色の配線には一点鎖線を用いる．また，緑色の配線には二点鎖線を用いることにより絶縁被覆の識別を行うことができる．

表6.2 電線の絶縁被覆の色と配線の線種

絶縁被覆の色	配線図の線種	備 考
黒 色	——————— 実線	電圧側電線の配線に用いスイッチおよびコンセントの電圧端子に直接接続される．
白 色	――――――― 破線	接地側電線の配線に用いられ，コンセント，ランプレセプタクル，引掛けシーリングローゼット等でN，Wまたは接地側と表示されている端子に直接接続する．
赤 色	—・—・—・— 一点鎖線	単相3線式では非接地側電線として使用する．その他負荷側の配線に使用する．
緑 色	—・・—・・— 二点鎖線	接地電線以外に使用してはならない．

このように複線配線図は表6.1に示した配線用図記号を用い，複線配線図の配線の色には，表6.2に示したように配線を描く線種を替えることにより"きまり"を正しく守った複線配線図を書くことが可能である．

6.2 屋内配線基本回路の複線配線図を作る

単線配線図から複線配線図を作る手順を述べる．ここで**図6.3**に示す単線配線図から複線配線図を作る手順に従って作業を進めて行くことにより，配線の見落としや誤配線を少なくすることができる．そこで図6.3に示した基本回路の単線配線図を複線配線図の配線を描く手順について順に述べていく．

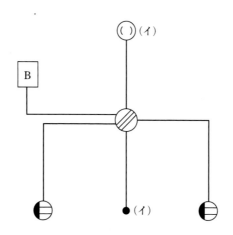

図6.3　屋内配線の単線配線図

(1) 配線用器具を配置する

　使用する配線用器具を**図6.4**（a）に示すように単線配線図で示された場所に配置する．配置した配線用器具は表6.1に示した複線配線図用の配線用図記号を用いて記入する．

(2) 接地側電線の配線を行う

　配線用器具の配置が終わると，次に配線用器具の端子に電線を接続して電気回路の配線に入る．配線を行う順序は一般に電源（分電盤）からの配線を描き始める．したがって，白色の絶縁被覆の電線を用いる接地側電線から配線を描いて行く．この理由は，特別な場合を除いて必ず電源からの接地側電線の配線は，それぞれの配線用器具の接地側端子に直接接続されるからである．

　したがって，配線用器具端子間の結線は図6.4（b）に示すように接地側電線を各配線用器具の指定されている接地側端子に接続する．接地側電線が接続される配線用器具は，まず，分電盤内の配線用遮断器のN端子からの接地側電線をジョイントボックスを経由して引掛けシーリングローゼットの"接地側"または"N"と表示されている端子に接続する．次にジョイントボックスからそれぞれのコンセントの"W"と表示されているコンセントの接地側端子に接続する．

(3) 非接地側電線（電圧側電線）の配線を行う

　接地側電線の配線が終わると次に非接地側電線の配線を行う．図6.4（c）に示すように黒色の非接地側電線を分電盤内の配線用遮断器のL端子に接続する．この非接地側電線を点滅器（タンブラスイッチ）の端子と，それぞれのコンセントの向かって右側の溝の短い電圧側端子に接続する．

(4) 負荷側の配線を行う

　分電盤からの電源用配線が終わると，次に図6.4（d）に示すように，点滅器の黒色の配線が接続されていないもう一方の端子から，引掛けシーリングローゼットの端子で，電線が接

続されていない片方の端子への配線を行う．ここで注意することは点滅器への配線には 2 心
の VVF が使用されているところである．

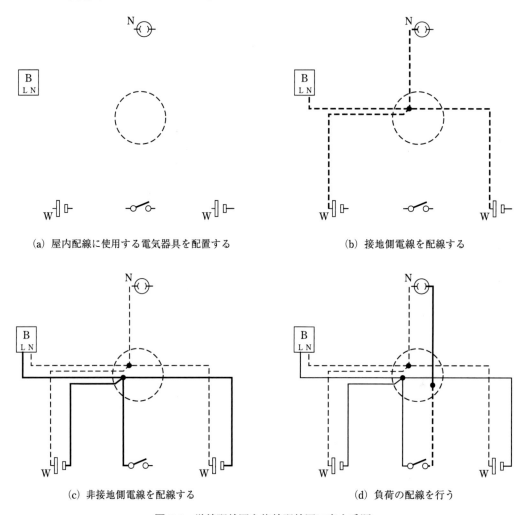

（a）屋内配線に使用する電気器具を配置する　　　　　（b）接地側電線を配線する

（c）非接地側電線を配線する　　　　　　　　　（d）負荷の配線を行う

図 6.4　単線配線図を複線配線図に直す手順

　したがって，点滅器からジョイントボックスまでの配線にはすでに黒色の電線が使用され
ているため，残った白色の絶縁被覆の電線を使用しなければならない．また，引掛けシーリ
ングローゼットへの配線も 2 心の VVF が使用されているため，引掛けシーリングローゼッ
トからジョイントボックスまでの配線には黒色の電線を用い，ジョイントボックスの中でこ
れらの電線を接続して基本回路の複線配線図が完成する．

6.3　屋内配線のスイッチを用いた点滅回路

　屋内配線はコンセント回路やスイッチ（点滅器）による電灯の点滅回路などを組み合わせ
て組み立てられている．特にスイッチを用いた電灯の点滅回路には 2 箇所に設けられている

3路スイッチによりそれぞれ離れた場所からの電灯の点滅や，3路スイッチと4路スイッチとを組み合わせて用いることで，3箇所以上の場所からの電灯の点滅を行うことができる．

また，パイロットランプとスイッチとを組み合わせて用いることにより，夜間など電灯が消灯している場合，パイロットランプを点灯させてスイッチの位置表示を行う位置表示灯回路などがある．この他，外灯や換気扇などが動作している場合にパイロットランプを点灯させて負荷が動作していることを確認できる確認表示灯回路などが用いられている．そこで，これらのスイッチを用いた点滅回路と表示回路について述べる．

■ 6.3.1 3路スイッチによる2箇所からの点滅回路

2箇所から電灯の点滅を行う電気回路は3路スイッチを2個使用し，それぞれ離れた場所に取り付けた3路スイッチにより2箇所から電灯の点滅を行うことができる．この電気回路についてはJIS（JIS C 8304 屋内配線用小形スイッチ類）に示されている．JISに示されている電気回路は**図6.5**（a）に示すように，その電気回路と3路スイッチの端子番号とが示されている．

図6.5（a）に示されているように3路スイッチの端子番号"0"の端子には電源または負荷からの配線を接続する．したがって，この"0"端子には黒色の電線が接続されている．また，端子番号"1"および"3"の端子にはスイッチの端子間を配線する電線が接続されている．使用する電線の色は白色および赤色とする．

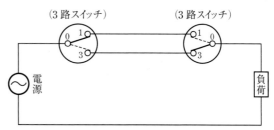

0：電源または負荷へ接続する端子の表示
1および3：スイッチ間配線に接続する端子の表示
備考　0の代わりに"共"であってもよい

（a）JISに示されている回路

このように3路スイッチを用いた回路の配線にVVFを使用する場合に注意することは，3路スイッチの端子に接続する電線の絶縁被覆の色である．必ず守らなければならないのは3路スイッチの共通端子"0"には絶縁被覆の色が黒色の電線を接続する．また，図6.5（b）に示すように共通端子"0"以外の端子にもできるだけ同じ色の絶縁被覆の電線が接続されるように注意して配線を行う．

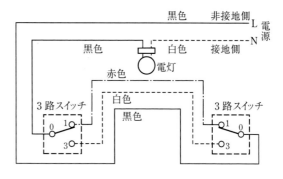

（b）配線に用いる電線の絶縁被覆の色

図6.5 3路スイッチ回路による2箇所点滅

3路スイッチに**図6.6**（a）に示すような露出形3路スイッチを使用する場合，3路スイッチの構造上"1"の端子には赤色の電線を接続し，"3"の端子には白色の電線を接続する．

この接続を逆にすると電線が器具端子の直前で交差してしまうため，電線の色と端子番号には十分に注意して接続する．

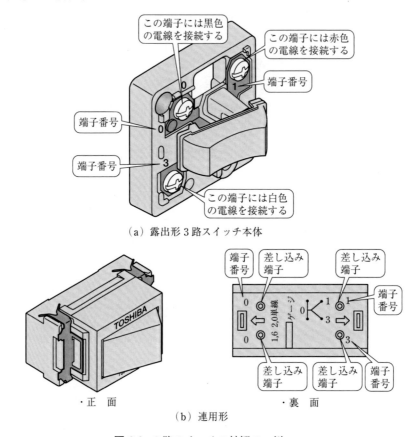

（a）露出形3路スイッチ本体

・正面
（b）連用形

図 6.6　3路スイッチの外観の一例

また，図6.6（b）に示す連用形3路スイッチでは端子"0"には必ず黒色の電線を接続しなければならない．端子"1"および"3"については露出形3路スイッチと異なり電線の色については，露出形のように電線が交差するおそれはないが，端子"1"には赤色，端子"3"には白色というように接続する電線の色を定めておくと接続間違いが少なくなることと思われる．

3路スイッチを用いて2箇所から電灯の点滅を行う電気回路の動作について説明する．いま，**図 6.7**（a）に示す3路スイッチを用いた点滅回路では電灯は点灯している．次に3路スイッチIまたはIIのどちらか一方の3路スイッチを操作すると（図では3路スイッチII），図6.7（b）に示すように3路スイッチIIの接点が反対側の接点に移り電灯は消灯する．この状態で再びどちらか一方のスイッチを操作すると，図6.7（c）に示すように3路スイッチの接点が反対側の接点に切り換わり電灯は点灯する．

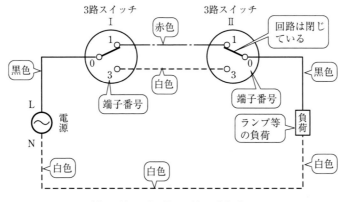

(a) 電気回路は閉じ電灯は点灯する

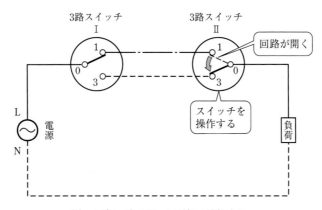

(b) 電気回路が開いて電灯は消灯する

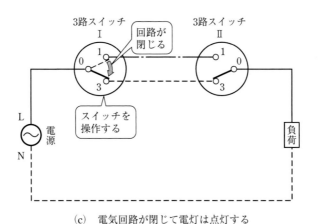

(c) 電気回路が閉じて電灯は点灯する

図 6.7 3路スイッチ回路の動作

このように3路スイッチによる2箇所からの電灯の点滅回路は，入り口が2箇所あるような部屋の電灯の点滅をそれぞれ離れた場所で行う場合や，階段灯を1階または2階から点滅したい場合などに用いられている．

■ 6.3.2　3 箇所以上の場所からの点滅回路

3 箇所以上の場所からの電灯の点滅
回路は，3 路スイッチと 4 路スイッチ
とを組み合わせて電気回路を作ること
ができる．例えば JIS に示されている
回路では，**図 6.8** に示すように 3 路ス
イッチ 2 個と 4 路スイッチとを組み合
わせ，配線を接続すべき端子番号が示
されている．したがって，3 路スイッ
チおよび 4 路スイッチを用いて配線す

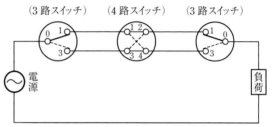

1, 2, 3 および 4：スイッチ間配線に接続する端子の表示
備考　1 と 3, 2 と 4 とは，それぞれ接触しない端子である

図 6.8　JIS に示されている回路

る場合，スイッチの端子に記載されている端子番号には十分注意して接続する必要がある．

3 箇所以上の場所から電灯の点滅を行うことができる電気回路は，**図 6.9**（a）に示すよう
に 3 路スイッチを用いた電気回路の中間に 4 路スイッチを挿入することにより，3 箇所から
電灯の点滅を行うことができる．

ここで使用する 4 路スイッチの動作について説明していくが，いま，4 路スイッチの接点
の状態が図 6.9（a）に示したように，4 路スイッチの端子 "1"，"2" 間および "3"，"4" 間
の接点が閉じている状態とする．

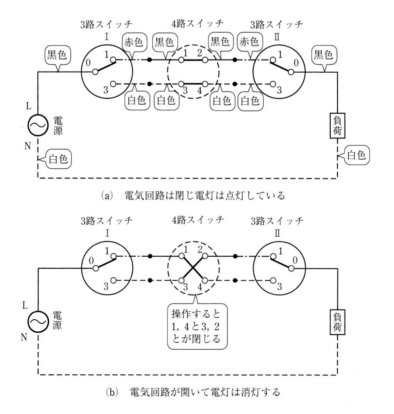

（a）　電気回路は閉じ電灯は点灯している

（b）　電気回路が開いて電灯は消灯する

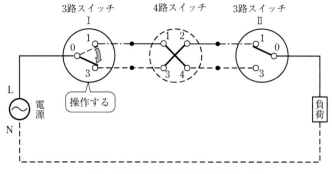

（c） 電気回路は閉じて電灯は点灯する

図 6.9 3 路スイッチと 4 路スイッチとによる電気回路の動作

次に 4 路スイッチを操作すると，図 6.9（b）に示すように，いままで閉じていた端子 "1"，"2" 間および "3"，"4" 間の回路が開き，開いていた端子 "1"，"4" 間および端子 "3"，"2" 間の接点が閉じられて電灯は消灯する．さらに図 6.9（c）に示すように 3 路スイッチ I を操作すると回路が閉じて電灯は点灯する．このように 4 路スイッチはスイッチを操作するたびに電気回路が切り換えられている．

4 路スイッチは，**図 6.10**（a），（b）に示すようにスイッチを操作するたびに電気回路が切り換えられる．したがって，3 路スイッチのように電源および負荷からの配線が直接接続される端子はなく，3 路スイッチの端子 "1"，"3" からの配線を 4 路スイッチの端子 "1"，"3" に接続し，4 路スイッチのもう一方の端子 "2"，"4" からの配線は，もう一方の 3 路スイッチの端子 "1"，"3" に接続する．このように 3 路スイッチ回路の途中に 4 路スイッチを挿入することにより 3 箇所から電灯の点滅を行う電気回路を作ることができる．

端子1，3間および
端子2，4間は閉じ
ることはない

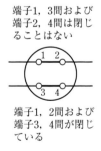

端子1，2間および
端子3，4間が閉じ
ている

スイッチを操作すると
端子1，4および端子3，
2間が閉じる

（a） 4 路スイッチの動作 I （b） 4 路スイッチの動作 II

図 6.10 4 路スイッチの動作

電灯の点滅を 4 箇所や 5 箇所から行うことができる電気回路は，2 つの 3 路スイッチの間に接続する 4 路スイッチの数を増やすことにより可能となる．例えば，**図 6.11** に示す回路では 3 路スイッチ 2 個と 4 路スイッチ 3 個を使用することにより 5 箇所から電灯の点滅を行うことができる電気回路を作ることができる．

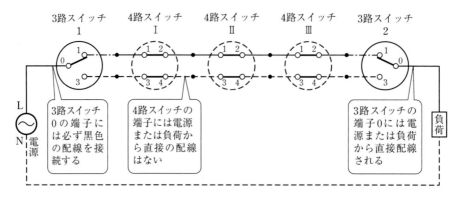

図 6.11　3 路スイッチと 4 路スイッチとによる 5 箇所からの点滅回路

6.4　表示灯(パイロットランプ)とスイッチとを使用した表示回路

　位置表示灯として，パイロットランプとスイッチとを組み合わせて夜間など電灯が消灯している場合，スイッチが取り付けられている場所をパイロットランプが点灯してその位置を表示する回路に用いられる．しかし，近年ではワイド形電気器具が使用され始め，パイロットランプをスイッチの中に組み込んだワイド形スイッチが使用され始めている．

　そこで，これまで使用されていたパイロットランプとスイッチとを組み合わせて作られた位置表示回路とその動作について述べ，次にワイド形スイッチについて述べる．

■ 6.4.1　パイロットランプとスイッチを組み合わせた位置表示回路

　パイロットランプは夜間など電灯が消えている場合，スイッチの位置を示すためにスイッチとパイロットランプを組み合わせ，パイロットランプを点灯させてスイッチの位置を示すために用いられている．一般にパイロットランプは**図 6.12** に示すようにネオンランプとランプの電流制限用の抵抗器とを直列に接続したものが使用されている．

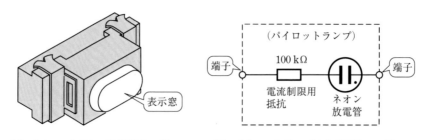

(a) パイロットランプの外観の一例　　　(b) パイロットランプの内部構造の一例

図 6.12　パイロットランプ

(1) パイロットランプの常時点灯回路

　スイッチ（点滅器）が取り付けられている場所を示すために常時パイロットランプが点灯

している回路は，**図6.13**に示すような表示回路である．この表示回路はランプレセプタクルの電灯を点滅させる回路に，パイロットランプを追加した回路である．この表示回路に用いる器具を連用金具に取り付けて配線を行う場合には，連用金具の上部にパイロットランプを取り付け，下部にスイッチを取り付ける．

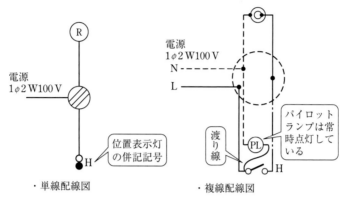

図6.13 パイロットランプの常時点灯回路

この表示回路では，図6.13に示したように非接地側電線をスイッチの端子に接続し，スイッチの送り用の端子から絶縁被覆の色が黒色の渡り線を用いてパイロットランプの端子に配線を行う．一方，接地側電線はランプレセプタクルの外側の端子と，パイロットランプのもう一方の端子に配線される．したがって，点滅器への配線には非接地側電線（黒色）と接地側電線（白色）および負荷側電線（赤色）の3心のVVFを使用する．

(2) パイロットランプによる位置表示回路

パイロットランプによる位置表示回路は，電灯が点灯している場合には表示用のパイロットランプは消灯し，電灯が消灯している場合には表示用のパイロットランプが点灯する回路である．このパイロットランプによる位置表示回路に使用するスイッチは単極スイッチである．位置表示回路は**図6.14**に示す回路が用いられている．この回路は電球のフィラメントの抵抗値と，パイロットランプの内部抵抗値の差が大きいことを利用した回路である．しかし，欠点として電球のフィラメントが断線したり電球が緩んだりしているとパイロットランプが消灯してしまうことである．

この位置表示回路の動作を説明すると，まず，図6.14で示した回路で点滅器を閉じると，スイッチに並列に接続されているパイロットランプの端子間が短絡されるためパイロットランプは消灯する．一方，電灯はスイッチが閉じられるため点灯する．

次に，スイッチを開くとパイロットランプと電球とが直列に接続された電気回路となる．この回路には電源電圧100Vの電圧が加わっている．仮に電球の容量を100Wとすると電球のフィラメントの抵抗は100Ωである．しかし，電灯が消灯するとフィラメントの温度が低くなる．したがって，フィラメントの抵抗の値は小さくなり10Ω程度の値となる．

一方，パイロットランプはネオン管と直列に100kΩ程度の電流制限用の抵抗器が直列に

接続されたもので，パイロットランプ回路の抵抗値は 100 kΩ 以上の値となる．

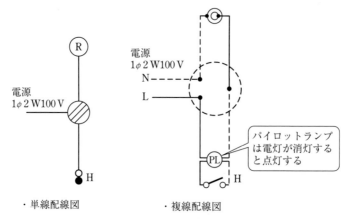

・単線配線図   ・複線配線図

図 6.14 パイロットランプによる位置表示回路

　この回路は**図 6.15**に示すようなパイロットランプと電球が直列に接続されている電気回路となり，電気回路に流れる電流の値は 1 mA 以下といった非常に小さな値である．パイロットランプと電球が直列に接続されている電気回路の両端には 100 V の電圧が加わっている．しかし，電球のフィラメントの抵抗の値が小さいため，電球の両端に加わる電圧の値は小さい．したがって，電球に加わる電圧の値が低いため電球は点灯しない．

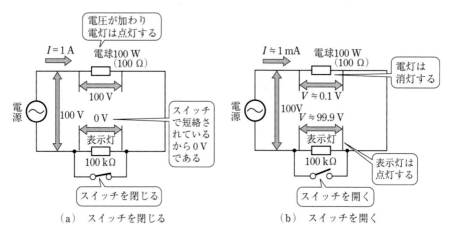

（a）　スイッチを閉じる　　　（b）　スイッチを開く

図 6.15 表示灯の動作

　一方，パイロットランプの端子間には，ほぼ電源電圧の 100 V に近い値の電圧が加わるためパイロットランプは点灯する．ここでは電球の容量を 100 W と仮定したが，20 W 程度の電球でもフィラメントの抵抗の値がパイロットランプの抵抗の値に比べて無視できるほど小さいため，電灯が点灯することはない．また，この回路では単極のスイッチへの配線には 2 心の VVF を用いて配線が行われている．

(3) 3路スイッチを用いた位置表示回路

　スイッチ（単極）を用いた位置表示回路は，電球のフィラメントが断線したり，また，電

球が緩んだりした場合にパイロットランプが消灯するといった欠点がある．一方，**図 6.16** に示すように 3 路スイッチを用いた位置表示回路では電球のフィラメントの断線の有無に関わらず電灯が消灯するとパイロットランプは点灯する．この回路の動作は，図 6.16 で示した回路からもわかるように 3 路スイッチを用いて電灯回路とパイロットランプ回路の切換を行っており，3 路スイッチへの配線には 3 心の VVF が使用される．

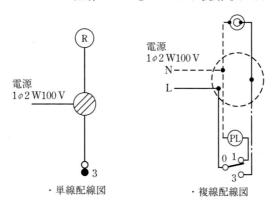

図 6.16 パイロットランプによる位置表示回路

（4）3 路スイッチを 2 個用いた位置表示回路

3 路スイッチを用いた 2 箇所からの点滅回路で，パイロットランプと組み合わせた位置表示回路は，**図 6.17** に示す回路で作ることができる．位置表示回路は図 6.17 に示したように

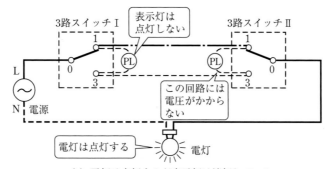

（a）電灯は点灯するが表示灯は消灯している

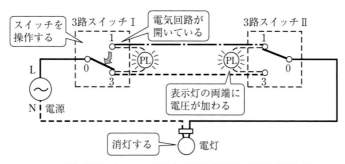

（b）3 路スイッチ I の接点が開き表示灯に電圧が加わる

図 6.17 3 路スイッチを用いた位置表示回路の動作

パイロットランプを3路スイッチの端子"1","3"間に接続することにより，電灯が点灯するとパイロットランプは消灯し，電灯が消灯するとパイロットランプは点灯する．

この回路の動作は6.4.1 (2) で示した回路と同じで，図6.17 (a) に示す回路では3路スイッチにより回路が閉じているため電灯の両端には電圧が加わっており電灯は点灯する．しかし，パイロットランプの片方の端子には電圧が加わっているが，もう一方の端子には電圧が加わっていないためパイロットランプは消灯している．

次に，図6.17 (b) に示すように3路スイッチⅠを操作すると電灯は消灯するが，パイロットランプの両端には電球を通して電圧が加わるため位置表示用のパイロットランプは点灯する．

(5) 3路スイッチと4路スイッチを用いた位置表示回路

3路スイッチと4路スイッチとを用いた回路では，図6.18 (a) に示すように3路スイッチ回路は6.4.1 (4) に示した回路と同じ動作で，パイロットランプは3路スイッチの端子"1","3"間に接続する．

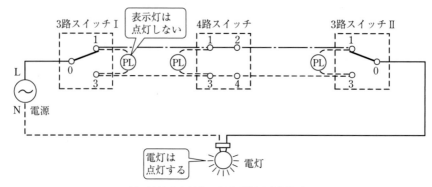

(a) 電灯は点灯するが表示灯は点灯しない

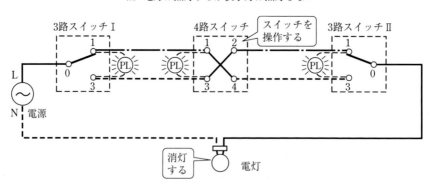

(b) 電灯は消灯し表示灯は点灯する

図6.18 3路スイッチおよび4路スイッチ回路の位置表示回路

4路スイッチでは端子"1","3"間または"2","4"間のどちらかに接続すればよい．この回路の動作は図6.18 (a) に示すように回路が閉じているとき電灯は点灯し，パイロットランプは消灯している．次に4路スイッチを操作すると図6.18 (b) に示すように電灯が消

灯し，パイロットランプには電球を通して電圧が加わり位置表示灯が点灯する．この状態でまた4路スイッチを操作すると図6.18（a）に示す回路となり電球に電圧が加わり電灯は点灯する．

■ 6.4.2 確認表示回路

パイロットランプを用いた確認表示回路は，スイッチを操作して負荷である電灯や換気扇が動作すると，パイロットランプが点灯して負荷が動作中であることを表示する確認表示回路である．このパイロットランプによる確認表示回路は**図6.19**に示すような電気回路が用いられている．

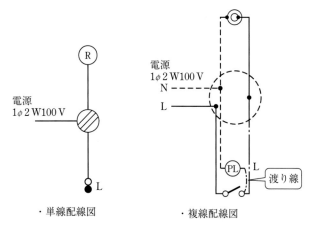

図6.19 パイロットランプによる確認表示回路

先の6.4.1（1）で示したパイロットランプの常時点灯回路では，非接地側電線を直接パイロットランプに接続していた．しかし，図6.19に示すような確認表示回路ではスイッチ（単極）の負荷側の端子から絶縁被覆が赤色の渡り線を用いてパイロットランプの端子に接続した回路となっている．

したがって，電灯が点灯するとパイロットランプも点灯し，電気回路の動作の有無を確認できる確認表示回路となる．

■ 6.4.3 ワイド形スイッチの位置表示回路

ワイド形スイッチは，6.4.1の位置表示回路および6.4.2の確認表示回路ではスイッチとは別に取り付けて用いたパイロットランプを，**図6.20**（a）に示すようにスイッチ内に組み込んだ電気器具である．位置表示灯として使用するパイロットランプは図6.20（b）に示すように，ネオン管の内面に緑色の蛍光物質を塗布したもので，ネオン管が動作すると緑色に発光する小型のランプが用いられている．また，このネオン管に直列に接続されている抵抗器は，ネオン管に流れる電流の値を制限するために用いられている．

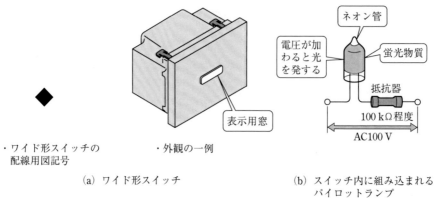

（a）ワイド形スイッチ　　　　　　　　（b）スイッチ内に組み込まれる
　　　　　　　　　　　　　　　　　　　　　　　パイロットランプ

図 6.20　ワイド形スイッチ

（1）単極スイッチによる位置表示回路

　単極スイッチによる位置表示回路は**図 6.21** に示すように，点滅器の内部のスイッチと並列にネオン管回路が接続されており，その動作は図 6.14 に示した回路と同じで，スイッチを閉じて電灯が点灯するとネオン管回路はスイッチにより短絡されてネオン管は消灯する．

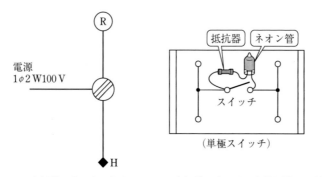

・ワイド形スイッチによる　　　・ワイド形スイッチの内部回路の一例
　位置表示回路

図 6.21　ワイド形スイッチを用いた位置表示回路

　また，スイッチを開くと電灯は消灯するが，電球とネオン管回路は直列に接続され，その両端には電源電圧 100 V が加わり，ネオン管回路の抵抗値と電球の抵抗値の差からネオン管回路に電源電圧に近い値の電圧が加わり，ネオン管のみ点灯するので位置表示回路となる．

（2）3 路スイッチによる位置表示回路

　次に，2 箇所から電灯の点滅ができるワイド形 3 路スイッチによる電気回路について述べる．位置表示灯として使用するワイド形 3 路スイッチは，**図 6.22** に示すような構造となっている．表示に用いるネオン管回路は 3 路スイッチの端子 "1"，"3" 間に接続されている．この回路の動作は図 6.16 で示した位置表示回路と同じ働きをして，電灯が点灯しているときに表示灯が消灯し，電灯が消灯すると表示灯が点灯して位置表示を行っている．

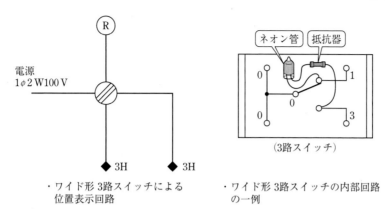

図 6.22　ワイド形 3 路スイッチを用いた位置表示回路

(3)　ワイド形の 3 路スイッチと 4 路スイッチによる位置表示回路

　ワイド形の 3 路スイッチと 4 路スイッチとを組み合わせて 3 箇所から電灯の点滅ができる電気回路で，電灯が点灯すると表示灯は消灯し，また，電灯が消灯すると表示灯が点灯してスイッチの位置表示ができる回路となる．その動作は図 6.18 に示した回路と同じである．

　この位置表示回路に使用する 4 路スイッチの構造は，**図 6.23** に示すようにネオン管回路は 4 路スイッチの端子 "1"，"3" 間または "2"，"4" 間のどちらか一方の端子に接続されている（図 6.23 では "1"，"3" 間に接続されている）．その動作は図 6.18 に示した位置表示回路と同じである．3 路スイッチは 6.4.3（2）で述べた構造の 3 路スイッチが用いられている．

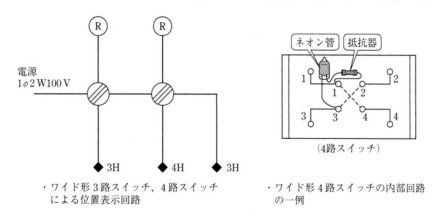

図 6.23　ワイド形 3 路スイッチと 4 路スイッチを用いた位置表示回路

■ 6.4.4　ワイド形スイッチの確認表示回路

　確認表示灯はスイッチを閉じると点灯し，負荷である電灯や換気扇などに電圧が加わり電気回路は動作する．このように負荷に電圧が加わっている場合，確認表示灯が点灯して電気回路に電圧が加わり負荷が動作していることを示す．また，スイッチを開くと確認表示灯は消灯し負荷である電灯や換気扇は動作を停止する．

　この確認表示回路では表示灯を点灯させるために変流器 CT を使用している．したがって，

負荷に電流が流れると負荷電流が CT に流れ CT の二次側に誘起された電流により，二次側に接続されている赤色の LED（発光ダイオード）を点灯させている．このためスイッチに適合する負荷の値が定められている．

　スイッチに適合する負荷電流の値の例として負荷回路に流れる電流の値が $0.01 \sim 0.5\,\mathrm{A}$，$0.1 \sim 0.5\,\mathrm{A}$，$0.1 \sim 4\,\mathrm{A}$，$0.6 \sim 15\,\mathrm{A}$ などと定められており，この中から負荷の値に適合したワイド形スイッチを選んで使用しなければならない．

（1）単極スイッチによる確認表示回路

　確認表示回路に使用する点滅器は，**図 6.24** に示すようにスイッチの内部にフェライトコアに電線を巻きつけた CT（変流器）を用い，二次巻線に赤色の LED を接続し，負荷に電流が流れると CT の二次側に電流が流れ，接続されている LED が点灯し，負荷が動作していることの確認表示を行っている．また，LED と逆の極性で並列に接続されているダイオード D は，CT の二次側が開放とならないように接続したものである．

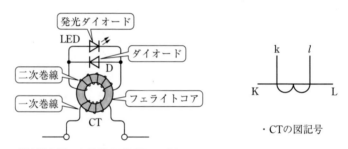

（a）CT を用いた確認表示回路の構造

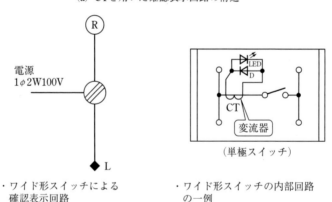

（b）確認表示回路

図 6.24　ワイド形スイッチを用いた確認表示回路

（2）3 路スイッチによる確認表示回路

　2 箇所から電灯を点滅できる 3 路スイッチ回路の確認表示回路に使用する 3 路スイッチは，**図 6.25** に示すようにスイッチの共通端子 "0" からの配線に CT が接続されており，負荷に

電流が流れると単極スイッチと同じようにCTの二次側に接続されている発光ダイオードが点灯し，負荷に電流が流れて負荷回路が動作していることを表示している．

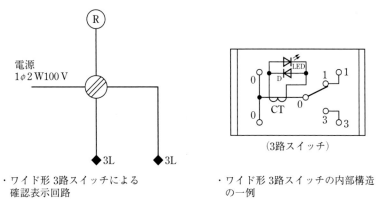

・ワイド形3路スイッチによる
　確認表示回路

・ワイド形3路スイッチの内部構造
　の一例

図 6.25　ワイド形3路スイッチを用いた確認表示回路

（3）4路スイッチによる確認表示回路

　3箇所から電灯を点滅できる回路に使用する4路スイッチによる確認表示回路は，**図 6.26**に示すようにCTを2個使用し，スイッチが閉じて負荷が動作すると電気回路に電流が流れ，CTの二次側に接続されている発光ダイオードが点灯して負荷が動作していることを表示している．

　4路スイッチではどちらかの回路に負荷電流が流れるためCTを2個使用し，それぞれのCTの二次側を並列に接続し，そこに表示灯であるLEDが接続されている．このように4路スイッチではCTの二次側が並列に接続されているが，両方のCTに同時に負荷電流が流れることはないため問題は生じない．

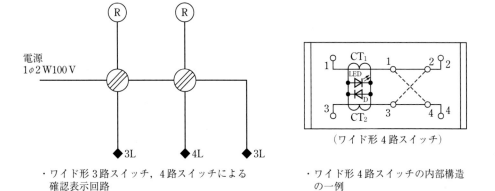

・ワイド形3路スイッチ，4路スイッチによる
　確認表示回路

・ワイド形4路スイッチの内部構造
　の一例

図 6.26　ワイド形3路スイッチ，4路スイッチを用いた確認表示回路

■ 6.4.5　ワイド形スイッチによる位置および確認表示回路

　ワイド形スイッチはスイッチの内部に表示回路が組み込まれている．位置表示用として電灯が消灯していると，緑色の表示灯が点灯してスイッチの位置を表示する．また，確認表示灯としては負荷に電圧が加わっている場合や負荷に電流が流れている場合には緑色の表示灯は消灯し，赤色の表示灯が点灯して回路が動作していることを表示している．

　この両方の機能を持ったスイッチは**図 6.27**に示すように一個のスイッチの内部に位置表示回路と確認表示回路との2回路を組み込んだ表示回路で，それぞれの表示灯は同時に動作しないため，一個のスイッチで位置表示および確認表示を行うことができる．

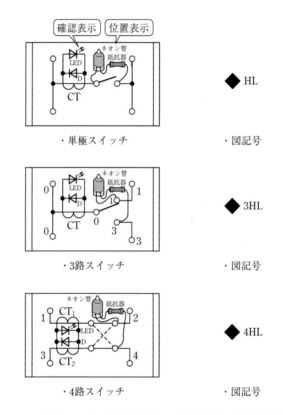

図 6.27　ワイド形スイッチの位置表示灯，確認表示灯の内部回路の一例

第**7**章
弱電流回路

屋内配線には電気回路配線の他に電話回路，LAN回路，チャイム回路，インターホン回路，ドアホン回路，TV受信回路等の弱電流回路の配線が行われている．そこで第7章ではこれらの弱電流回路に使用されている配線用電線や電気器具および配線時の注意すべき事項等について述べる．

7.1 電話回路

電話回路に用いられる配線用図記号は**図7.1**に示すようにJIS C 0303で電話機および通信用アウトレット（電話用アウトレット）の図記号が定められている．電話回路の配線には金属管配線工事や合成樹脂管配線工事などの管工事により，外部からの引込口から電話機の設置場所の近くまで配線が行われる場合が多い．電話回路の配線と電話機との接続には**図7.2**に示すような通信系のテレホンモジュラジャック（コネクタ）に，電話機に取り付けられているテレホンモジュラプラグを用いて接続されている．

・加入電話機　　　　・内線電話機　　　　・電話用　　　　・2ピン通信
　　　　　　　　　　　　　　　　　　　アウトレット　　　コネクタ

図 7.1 電話回路に用いる配線用図記号

(a) モジュラジャックの差込口

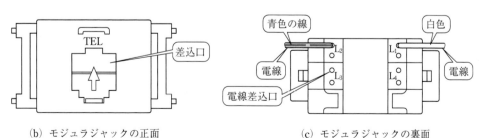

(b) モジュラジャックの正面　　　　　　　(c) モジュラジャックの裏面

図 7.2 テレホンモジュラジャック

　電話機もボタン式電話機等の多機能式のものではなく通話のみの電話機では，図 7.2 に示したような 6 極 2 心形のモジュラ接続器が使用されている．また，近年では多機能式電話機や FAX が使用できる電話機等が使用され始め，これらの電話機は電源として AC100 V が使用されている．したがって，100 V 用電源コンセントが電話機の設置場所の近くに必要となっている．

　そこで**図 7.3**（a）に示すようなコンセントとテレホンモジュラジャックを同じプレートに組み込むことができる配線用器具も作られて使用されている．しかし，これらを同一ボックス内に収納する場合には内線規定 3102-7 により，図 7.3（b）に示すような絶縁セパレータなど堅牢な隔壁を取り付けなければならない．

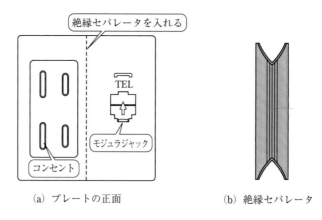

（a）プレートの正面　　　　　　　　（b）絶縁セパレータ

図 7.3　電源用コンセントとモジュラジャック

　また，通話のみに使用する電話機の電話回路に使用する電線は 2 本でよく，使用する電線は**図 7.4** に示す通信用屋内ビニル平形電線（TIVF）で，導体の外形が 0.65 mm と 0.8 mm のものとがある．この電線は図 7.4 に示したようにビニル被覆には電線を識別するための青色の帯が付いている．

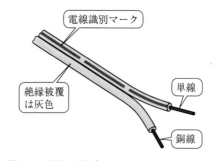

図 7.4　通信用屋内ビニル平形電線（TIVF）

　この他，ボタン電話機などの多機能形電話機では電話線に 4 ～ 6 芯の電話線が使用されている．4 芯では**図 7.5** に示すような 2P カッド線やボタン電話機用ケーブル（FCT）などが使用されている．これらのケーブル内の電線は絶縁体の色により識別することができる．4 芯の電線の識別としては青色，白色と茶色，黒色の電線を組み合わせて使用されている．特に 2P カッド

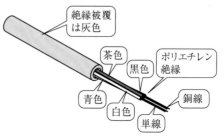

図 7.5　2 対カッド形 PVC 屋内電線

線は屋内電線路の主装置とローゼット間や端子箱とローゼット間等の配線に用いられている.

図7.6 テレホンモジュラプラグの外観

これらの電話配線は図7.2（c）に示したようなテレホンモジュラジャックの端子に指示されている絶縁被覆の色の電線を接続し，テレホンモジュラジャックを取付枠に取り付けてスイッチボックスに取り付ける．電話回路に電話機を接続するには**図7.6**に示すような電話機からのコードの先に取り付けられているテレホンモジュラプラグを差し込むことにより接続することができる.

一般の電話機では使用する電線は2本であるが，ボタン電話などでは6本使用する場合がある．したがって，電話線として6芯の電話線を用いておけばどのような種類の電話機にも対応することが可能である．そこで，図7.2に示したようにテレホンモジュラジャックを設けておけば多様な電話機にも対応することができる．これらの電話回路の屋内配線図の一例を**図7.7**に示す.

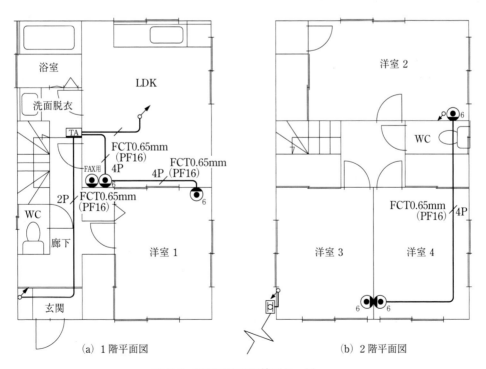

図7.7 電話回路の配線図の一例

7.2　LAN 回路

　LAN 回路に用いられる電気用器具の配線用図記号は JIS C 0303 では情報用アウトレット
で，**図 7.8** に示す図記号が定められている．LAN 回路の配線に用いられる電線は，**図 7.9** に
示すような LAN 用ケーブル（GH‐FTPC5（CAT5E），GH‐FTPC6（CAT6））が用いられて
いる．LAN 回路の配線は金属管配線工事や合成樹脂管配線工事などの管工事により配線が
なされている場合が多い．

　　　・情報用アウトレット　　　・壁付用　　　・8ピン通信コネクタ　　　・6ピン通信コネクタ

図 7.8　LAN（情報用）回路に用いる配線用図記号

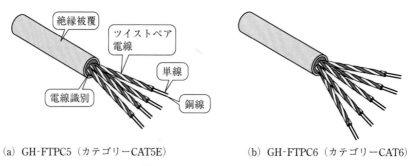

　　　　（a）GH‐FTPC5（カテゴリーCAT5E）　　　　　　（b）GH‐FTPC6（カテゴリーCAT6）

図 7.9　LAN 用ケーブル

　また，LAN 用のアウトレットを取り付ける位置は用途により異なってくるため，需要家
と十分に打合せをして定める必要がある．LAN 回路に使用するモジュラジャックは**図 7.10**
に示すような形状の LAN 用の情報モジュラジャックが使用されている．

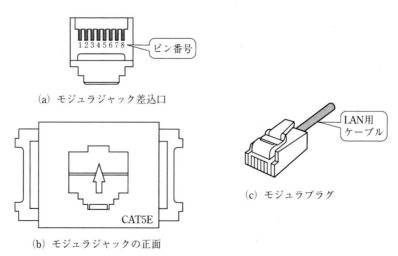

図 7.10　LAN 用モジュラジャック

しかし，使用する LAN 用ケーブルおよび情報モジュラジャックは，**表 7.1** に示すような
カテゴリー（CAT）の規定がある．LAN 回路の信号カテゴリーには CAT5E および CAT6 が
あり，これらのカテゴリーにより LAN 回路に使用するケーブルおよびモジュラジャックを
正しく選んで使用しなければならない．

表 7.1 カテゴリーの規定

カテゴリーの規定		適合 LAN
CAT5 E （カテゴリー5E）	100MHz までの 伝送特性を規定． CAT5 を上回る 性能．	10BASE-T〜 1000BASE-T
CAT6 （カテゴリー6）	100MHz までの 伝送特性を規定．	10BASE-T〜 1000BASE-T

また，LAN 回路用ケーブルの電線を情報モジュラジャックの端子に接続する場合にも，
LAN 配線の規格により**図 7.11** に示すように T568A（標準）と T568B（オプション）の 2 通
りの結線方法が定められている．したがって，電線をモジュラジャックに接続する場合，ケ
ーブルの電線を接続する情報モジュラジャック端子の端子番号も異なってくる．したがって，
電線識別用の色と接続する端子番号とを十分に注意して間違いのないように電線とモジュラ
ジャックの端子との接続を行わなければならない．

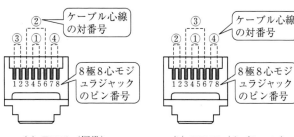

(a) T568A（標準）　　　　　(b) T568B（オプション）

(c) 情報用モジュラジャックの端子番号　　　(d) ツイストペアケーブルの結線
　　配列の一例

電線の 対番号	電線の識別用色	ピン番号	
		T568A	T568B
①	白・青（W・BL）	5	5
	青（BL）	4	4
②	白・橙（W・O）	3	1
	橙（O）	6	2
③	白・緑（W・G）	1	3
	緑（G）	2	6
④	白・茶（W・BR）	7	7
	茶（BR）	8	8

図 7.11 LAN 用ケーブル電線の端子への接続

7.3　チャイム

　来客報知用としてのチャイムは玄関や門柱などに押しボタンを設け，来訪者が押しボタンを操作すると室内に設けられたチャイムが鳴り来客を知らせる．チャイムの配線用図記号はJIS C 0303では**図7.12**に示すような図記号が定められている．チャイムには使用するチャイムの電源として乾電池（1.5〜3.0 V）またはAC 100 Vを使用するチャイムとがある．電源にAC 100 Vを使用するチャイムでは電源を得るためのコンセントが必要となる．また，押しボタンからチャイム本体までの小勢力回路の配線は，金属管配線工事または合成樹脂管配線工事とによる管工事で配線を行う場合が多い．

(a) 押しボタン　　　(b) チャイム

図7.12　チャイムと押しボタンの配線用図記号

　チャイム回路に使用する電線について内線規定3560 − 3では，

① 　ケーブル（通信用ケーブルを含む）である場合を除き，直径0.8 mm以上の軟銅線またはこれと同等以上の強さ及び太さの物を使用する．

② 　電線はコード，キャブタイヤケーブルまたはケーブルであること．

と定められている．

　操作回路の電圧がAC 100 Vの場合には，電線は1.6 mmのVVFが使用されている．操作回路の電圧が60 V以下の小勢力回路の場合，一般には0.5 mm^{2}または0.75 mm^{2}のより線で，ビニルコード（VTF）やビニルキャブタイヤコード（VCTF）などが使用されている．また，チャイム本体およびチャイム用の押しボタンの取付けには，1個用のスイッチボックスにチャイム取付用の金具を用いてチャイム本体および押しボタンを取り付けて使用する場合が多い．

　また，電池式のチャイムでは玄関に取り付けられているチャイム用の押しボタンと本体との間の配線を行えばよく，使用する電圧が低いため電線は一般には0.5 mm^{2}または0.75 mm^{2}のより線で，ビニルコード（VTF）やビニルキャブタイヤコード（VCTF）などを使用している．チャイムを用いた屋内配線図の一例を**図7.13**に示す．

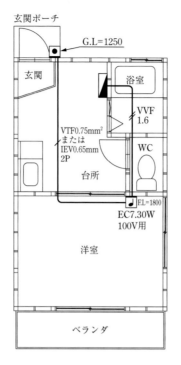

図 7.13　チャイム回路の配線図の一例

7.4　ドアホン

　ドアホンは来客報知器で玄関に取り付けられているドアホン（子機）を操作すると室内に設置されているドアホン（親機）のチャイムが鳴り受話器により会話ができる装置である．ドアホンの配線用図記号は JIS C 0303 で定められており，**図 7.14** に示すような図記号が用いられている．

　　（a）ドアホン　　　　　（b）ドアホン集合玄関機

図 7.14　ドアホンの配線用図記号

　ドアホンは玄関等に取り付けられている来客報知器であり，7.3 で述べたチャイムでは，訪問者が押しボタンスイッチを操作してチャイムを鳴らすことにより来客を知らせるが，ドアホンは親機を操作することにより子機と親機との間で会話することができる装置である．したがって，来訪者とも会話することができる便利な電気器具である．また，近年では子機にテレビカメラを設け，親機に設けられたモニタにより会話だけでなく来訪者の画像まで見ることができるドアホンもある．

　ドアホンにも電池式のものと AC 100 V 式のものとがあるが，電池式のものが多く使用されている．したがって，親機と子機との間の配線に加わる電圧の値は低いため，電線は 0.5 mm² または 0.75 mm² のより線で，ビニルコード（VTF）やビニルキャブタイヤコード（VCTF）などが使用されている．ドアホンを用いた屋内配線図の一例を**図 7.15** に示す．

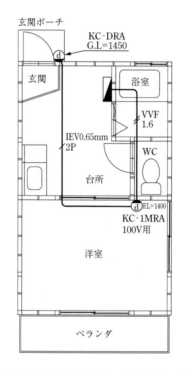

図 7.15　ドアホン回路の配線図の一例

7.5　インターホン

　インターホンは家庭内などの有線電話装置でインターホンの配線用図記号は JIS C 0303 で定められており，**図 7.16** に示すような図記号が用いられている．インターホンは構内や家庭などで使用されている有線通信装置である．家庭で用いる場合には必要とされる部屋に設けられているそれぞれの子機を個別に呼び出して通話することができる．

（a）電話機形 インターホン親機	（b）電話機形 インターホン子機	（c）スピーカ形 インターホン親機	（d）スピーカ形 インターホン子機

図 7.16　インターホンの配線用図記号

　また，それぞれの子機から親機を呼び出したり，子機同士での通話ができるインターホンもある．子機を玄関に取り付けることによりドアホンとして使用することも可能である．イ

ンターホンの親機には電源として AC 100 V の電圧を供給するために，電源用のコンセント
を親機の近くに設ける必要がある．

　インターホンの親機と子機間の配線には 2 線式のものが多く使用されている．インターホ
ン回路では電圧の値は低く弱電流回路となっている．したがって，配線に使用する電線は
$0.5\ \mathrm{mm}^2$ または $0.75\ \mathrm{mm}^2$ のより線で，できれば絶縁被覆の色により電線を識別できるビニル
キャブタイヤコード（VCTF）などを使用すると極性のあるインターホンでは電線の識別が
できて便利である．また，インターホンの種類によっては 4 芯の電線が使用される場合もあ
り，使用するインターホンの種類をよく確かめて使用する電線の本数等を定めなければなら
ない．インターホンを用いた屋内配線図の一例を**図 7.17** に示す．

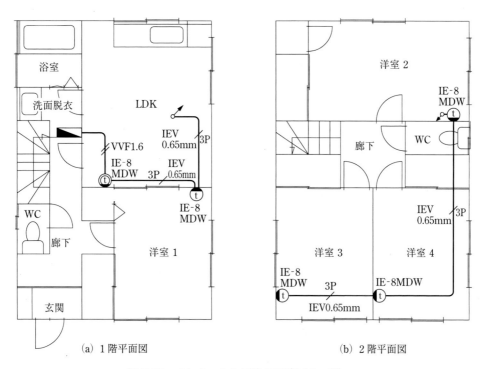

(a) 1 階平面図　　　　　　　　　　　　(b) 2 階平面図

図 7.17　インターホン回路の配線図の一例

7.6　TV 受信回路

　TV 放送には衛星からの放送と地上波による放送が行われている．これらの放送を受信す
るにはアンテナが必要である．アンテナの配線用図記号は JIS C 0303 では**図 7.18** に示す図
記号が用いられている．このように，それぞれの放送を受信するためにはそれぞれの方式の
放送を受信するためのアンテナが必要である．

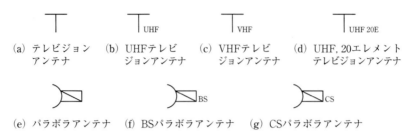

(a) テレビジョン　　(b) UHFテレビ　　(c) VHFテレビ　　(d) UHF, 20エレメント
　　　アンテナ　　　　　ジョンアンテナ　　　ジョンアンテナ　　　　テレビジョンアンテナ

(e) パラボラアンテナ　　(f) BSパラボラアンテナ　　(g) CSパラボラアンテナ

図 7.18　アンテナの配線用図記号

■ 7.6.1　パラボラアンテナ

　放送衛星の打ち上げられている位置は，BS 放送（放送衛星）では東経 110°の位置にあり，2 つの衛星放送（BS と 110°CS で右旋円偏波）が行われ受信用のパラボラアンテナが必要である．また，もう一方の放送衛星で CS 放送（通信衛星）では東経 124°と 128°の位置に 2 衛星があり，放送はスカイとパーフェク TV の 2 つの衛星放送（JCSA-4A と JCSAT-3 で左円偏波）が行われ，こちらも受信用のパラボラアンテナが必要である．

　したがって，全部の衛星放送を受信しようとすると，それぞれの衛星放送の受信に適したパラボラアンテナが必要となる．また，打ち上げられている衛星の位置は**図 7.19**に示すように異なっているため，パラボラアンテナの受信面の位置も受信する衛星によって異なってくる．

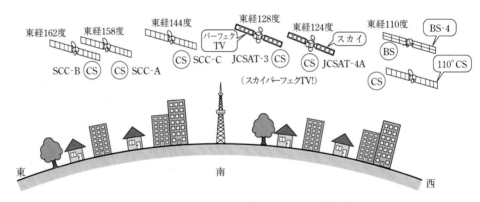

図 7.19　日本における BS・CS 衛星の見かけの位置

■ 7.6.2　VHF・UHF 用アンテナ

　地上波によるアナログ TV 放送は平成 23 年 7 月 24 日で停止され，UHF による地上波デジタル放送のみとなる．現在放送されているアナログ地上波放送の電波は VHF および UHF で，それぞれの電波の周波数は VHF では 90 〜 188 MHz，UHF では 470 〜 770 MHz である．したがって，アンテナは図 7.18 に示したように VHF 用および UHF 用のものが使用されている．TV 放送が地上デジタル放送になると使用される周波数も 470 〜 770 MHz となり UHF 用のアンテナが使用される．

■ 7.6.3　高周波用同軸ケーブル

　TV用アンテナから受像機の入力端子までの配線には特性インピーダンスの値が75Ωの高周波用同軸ケーブルを用いて配線されている．同軸ケーブルにも**図7.20**に示すような種類のものがあるが，低損失，耐ノイズタイプの同軸ケーブルが多く使用され始めている．

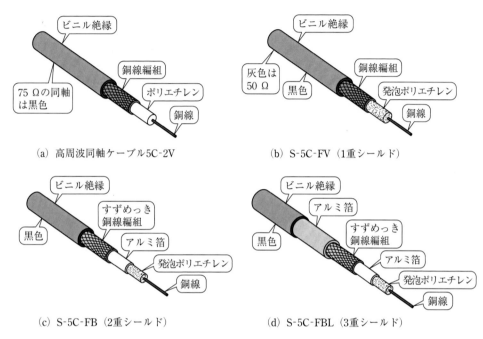

（a）高周波同軸ケーブル5C-2V　　　　　　（b）S-5C-FV（1重シールド）

（c）S-5C-FB（2重シールド）　　　　　　（d）S-5C-FBL（3重シールド）

図7.20　高周波同軸ケーブルの種類

　現在使用されているVHFやUHFアンテナからの同軸ケーブルには5C-2Vなどの同軸ケーブルが使用されている．しかし，BSや110°CSなどの受信回路では広帯域で低損失の同軸ケーブルS-5C-FBL等が使用され始めている．このように高周波回路に使用する同軸ケーブルの種類が，5C-2V → S-5C-FV → S-5C-FB → S-5C-FBLと変わってきている．

　また，同軸ケーブルが5C-2VからS-5C-FVに変わって，同軸ケーブルの内部絶縁物がポリエチレン（半透明）から発泡ポリエチレン（白色）に変わり，同軸ケーブルのシールドも一重から二重，二重から三重にすることにより低損失で外来ノイズの遮断能力を強めている．

　これらの高周波同軸ケーブルの接続には**図7.21**に示すような，高周波同軸ケーブルの太さに合致したF型コネクタ（75Ω）を用いて，TV受像機や混合器，増幅器，分岐器，分配器などの電気器具や高周波同軸ケーブル同士の接続に使用している．このように同軸ケーブルを接続する場合には必ず接続器を使用しなければならない．

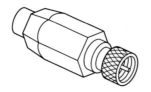

図 7.21　Ｆ型コネクタの外観の一例

■ 7.6.4　混合器

　TV受信回路に使用される混合器および分波器の配線用図記号は**図 7.22**に示すような図記号が使用されている．混合器の役割は**図 7.23**に示すように VHF のアンテナの出力と UHF アンテナの出力を混合器のそれぞれの入力端子に加えると出力端子からは両方の電波を混合した TV 信号を取り出すことができ，1本の高周波同軸ケーブルで TV 受像機の近くまで TV 信号を送ることができる．

　また，混合器は**図 7.24**に示すように衛星放送アンテナの出力と VHF，UHF アンテナの出力とを混合した信号を取り出すこともできる．このように混合器は各種の TV 受信用アンテナからの出力を混合し，一つの出力として取り出すことができる電気器具である．

図 7.22　混合器・分波器の配線用図記号

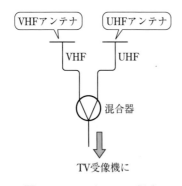
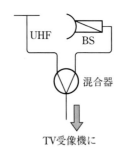

図 7.23　VHF と UHF の混合　　　図 7.24　UHF と衛星放送との混合

■ 7.6.5　増幅器

　TV受信回路用増幅器の配線用図記号は**図 7.25**に示す図記号が使用されている．増幅器は地上波放送用の TV アンテナから受信用アンテナまでの距離が長く，受信アンテナの出力電圧が低い場合や，混合器などを使用したために通過帯域損失などにより出力電圧が低下した場合に出力信号の電圧を増幅する器具である．

図 7.25 増幅器の配線用図記号

増幅器は VHF，UHF および衛星放送などの全部の周波数帯の信号を 1 台の増幅器では増幅することができず，周波数の値により増幅できる周波数帯がある．例えば，90 ～ 188 MHz や 470 ～ 770 MHz などと増幅できる周波数の値が示されている．また，増幅度も 26 ～ 35dB（20 ～ 35 倍）などと増幅度が示されており，必要とする周波数帯と増幅度の増幅器を選んで使用する．

増幅器には電源が必要である．したがって，AC 100 V のコンセントが必要である．しかし，本体と別に電源部のみを受像機の近くなど別の場所に設置して同軸ケーブルを経由して増幅器に電力を供給できる方式の増幅器も使用されている．

■ 7.6.6 分岐器，分配器，直列ユニット

高周波同軸ケーブルで送られてきた TV 信号を分岐したり，また，分配したり TV 受像機へ接続するためのコネクタとしての直列ユニットの配線用図記号は，**図 7.26** に示す図記号が使用されている．

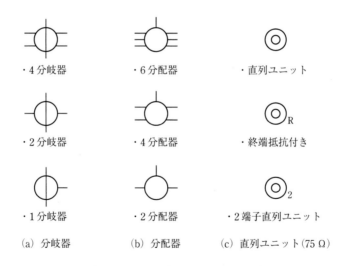

·4 分岐器	·6 分配器	·直列ユニット
·2 分岐器	·4 分配器	·終端抵抗付き
·1 分岐器	·2 分配器	·2 端子直列ユニット
(a) 分岐器	(b) 分配器	(c) 直列ユニット (75 Ω)

図 7.26 分岐器・分配器・直列ユニットの配線用図記号

分岐器の役割は，例えば，**図 7.27** のシステム図に示すように 2 階建ての家屋で受信用アンテナから混合器を通してきた TV 信号を 1 分岐器の分岐端子から信号を取り出し，同軸ケーブルを用いて 2 階の各部屋に設けられているテレビターミナル（F 型接栓直列ユニット）に接続していき，同軸ケーブルの終端には終端抵抗付きの直列ユニットを接続する．このような配線によりそれぞれのテレビターミナルから TV 信号を取り出すことができる．

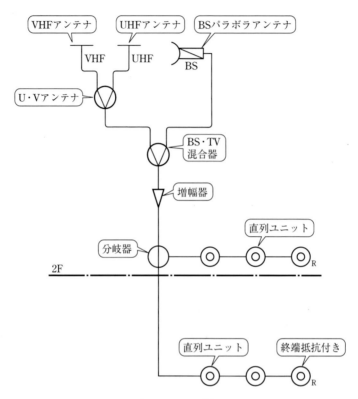

図 7.27　TV回路系統図

　また，分岐器の出力端子からの同軸ケーブルは 2 階と同様に 1 階のそれぞれの部屋に設置されているテレビターミナル（直列ユニット）に接続していき，終端のテレビターミナルには終端抵抗が接続されている直列ユニットを接続する．このようにして 1 階に設けられたテレビターミナルから TV 信号を取り出すことができる．

　もし，終端に使用する直列ユニットに終端抵抗 75 Ω が接続されていない場合には，同軸ケーブルの開放されている終端部から TV 信号である信号波が反射されて TV の受像画面に悪い影響を与えるおそれがあり，必ず終端抵抗は接続しなければならない．

　分配器はアンテナから送られてきた同じ信号を 2 台の TV に分けて供給したり，また，TV と VTR などに TV 信号を供給したり，受像機のアンテナ端子に VHF および UHF の端子がある場合などに VHF 信号と UHF 信号とに分けるために用いたり，衛星放送では BS および CS などの分配に使用されている．これらの TV 回路の屋内配線図の一例を**図 7.28** に示す．

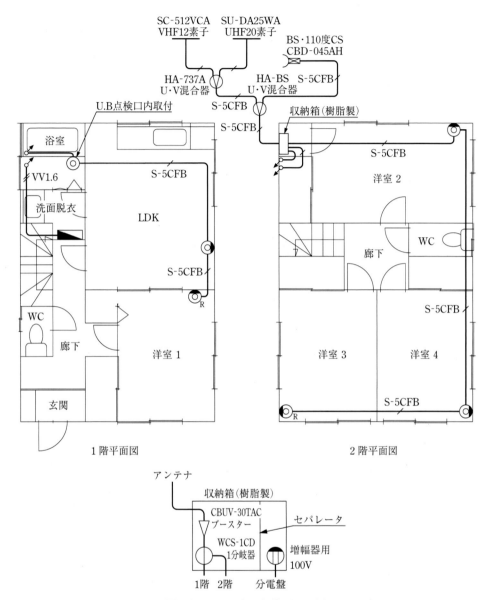

図 7.28 TV回路の配線図の一例

第8章
申請図面の書き方

　電気施設を新規に設備した場合や設備の増設または減設など変更した場合には，電力会社に電気使用申込みの手続きを行わなければ電気の供給を受けることができないか，または，特に増設の場合には契約違反となる場合が出てくる．この電気使用申込みの手続きとは電力会社との需給契約を結ぶことである．

　建築図面に電気器具等を配置し電気配線図を設計し電気設備図面を作成し，この電気設備図面に基づいて施工することになる．配線工事が行われて建物が竣工する際には設計どおりに電気を使用することができなければならない．したがって，建物の竣工期日が来る以前に電気使用申込みの手続きを行うことになる．申込みに際しては，電力会社に用意されている電気使用申込書と電気設備図面が必要となる．

　また，建築工事に着工する際の工事用の臨時（仮設）の電気も同様である．この際にも電気使用申込みの手続きが必要となるため，更地から住宅を新築する際には二度の電気使用申込みの手続きが必要となる．

　第8章では電気使用申込書の必要事項の記入方法や電気設備図面と施工証明書，および需要家電気設備図面の書き方の違いや添付の方法について東京電力管内の場合を例として述べる．

8.1　需給契約について

　電力会社が電気事業法第19条第4項の規定に基づいて経済産業大臣に届け出た電気供給約款による電気の供給条件および電気料金に基づいて契約を結ぶことにより電気の供給を受けることができる．

　需給契約は電力会社が承諾したときに成立し，契約期間は臨時電灯や臨時電力を除いて契約が成立した料金適用開始の日から1年目までとなる．契約満了に先立って解約や変更がないときは1年ごとに同一条件によって継続される．

　契約約款は電力会社だけでなく，電気工事会社および需要家が承知している必要がある．

　電気配線器具や電気機器の何を対象に契約が結ばれ，何により電気を制限されるのか，代表的な契約の種別を表8.1に示し，各契約の内容について簡単に述べる．

表 8.1　カテゴリーの規定

重要区分	契約種別	
電灯需要	定額電灯	
	従量電灯	A
		B
		C
	臨時電灯	A
		B
		C
	公衆街路灯	A
		B
電力需要	低圧電力	
	臨時電力	
	農事用電力	

■ 8.1.1　定額電灯

電灯または小型機器を使用する需要設備において，総容量 400 VA 以下のものに適用される契約方法である．総容量は入力であり，出力表示されている場合は各契約負荷設備を表4.5 に示した蛍光灯および表4.6 に示した水銀灯やメタルハライド灯用の安定器の入力参考値を参考にして入力換算するか，照明器具の銘板に記載された定格電流値などを基に入力換算する．

電気の供給方式は単相 2 線式 100 V または単相 200 V とし，契約する負荷設備をあらかじめ設定する．したがって，使用目的が不明なコンセントを設けることはできない．負荷設備にはコンセントを経由するのでなく直接配線を接続する．

定額電灯回路の配線の一例を**図 8.1** に示す．この図は分電盤での 1 分岐回路であるが，小さなアパートなどの共用電灯に多く見受けられる契約である．図中の漏電遮断器は過電流素子付であるが，漏電遮断器と過電流遮断器を個別に取り付けてもよい．

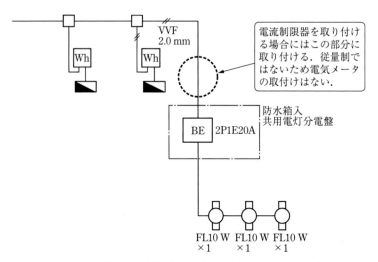

図 8.1　定額電灯回路の一例

定額制であるため従量制と異なり電気メータの取付けはない．電灯では契約した電球のワット数も制限されるため，40 W で契約したものを勝手に 60 W に変更することはできない．また，コンセントは不特定の負荷を差し込んで使用できることから，基本的に認められない．

しかし，コンセントは大変便利であり，この機能性を失うことは大きく，設置に対する要望も多い．したがって，コンセントで使用する負荷が特定できない場合には電流制限器を取り付けることによりコンセントの使用が認められる場合もある．

■ 8.1.2　従量電灯 A

電灯または小型機器を使用する需要設備において使用する最大電流が 5 A 以下で，定額電

灯の契約が適用できない場合の契約方法である．

使用する最大電流5Aは単相2線式100Vに換算した場合の値である．電気の供給方式は単相2線式100Vまたは単相200V，および単相3線式100Vおよび200Vである．

契約電流は5Aとし，契約電流に応じた電流制限器（アンペアブレーカ）および電気メータを取り付けるため，負荷設備を差し込むためのコンセントの設置は差し支えない．

電流制限器の外観の一例を**図8.2**に示す．

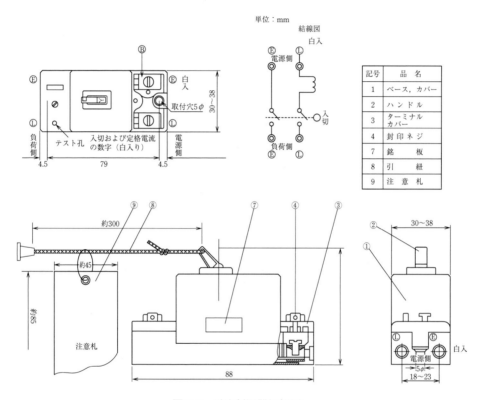

図8.2 電流制限器概観図

■ 8.1.3 従量電灯B

電灯または小型機器を使用する需要設備において，契約電流は10A以上かつ60A以下となる契約方法である．契約の種類は契約負荷設備契約，回路契約，契約主開閉器，およびSB（サービスブレーカ）契約があるが，SB契約が従量電灯Bでは最も一般的な契約方法である．SB契約での契約電流は10A，15A，20A，30A，40A，50Aまたは60Aのいずれかを選択する．

電気の供給方式は単相100Vまたは単相3線式100Vおよび200Vとし単相2線式100Vの場合は，10A，15A，20Aまたは30Aのいずれかの選択となる．

需要計器は電気メータと電流制限器を取り付けることになる．電流制限器はアンペアブレーカなどとも呼ばれている．電流制限器（リミッタ）を取り付けるため分電盤はリミッタス

ペース付のものを選択する必要がある．リミッタスペース付の分電盤を**図 8.3** に示す．

　電流制限器をリミッタスペースに取り付けるが，電流制限器はアンペアごとに**表 8.2** に示すように色分けされており，東京電力管内ではアンペアブレーカの名前で知られている．

　スマートメータの普及により分電盤内に電流制限器を取り付ける従来の契約方法のほか，電流制限器がスマートメータに内蔵されており分電盤にリミッタスペースを必要としない契約方法もあるが，いずれの場合も選択することができる．電気事業者としては後者を推奨している．

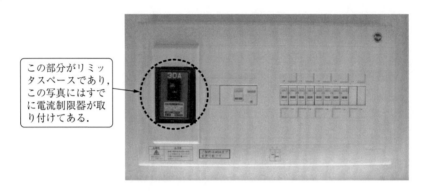

図 8.3　リミッタスペース付分電盤

表 8.2　電流制限器の色別

契約電流	10 A	15 A	20 A	30 A	40 A	50 A	60 A
色	赤	桃	黄	緑	灰	茶	紫
電線の太さ	1.6 mm	2.0 mm	2.0 mm	2.6 mm	$8\,\text{mm}^2$	$14\,\text{mm}^2$	$14\,\text{mm}^2$

　また，電流制限器の容量で契約されるため分岐回路の数や負荷設備の総容量に影響されないので集合住宅や容量の小さな住宅などで多く見受けられる．

■ 8.1.4　従量電灯 C

　電灯または小型機器を使用する需要で，契約容量が 6 kVA 以上であり，原則として 50 kVA 未満である．

　1 需要場所において低圧電力と併せて契約する場合は，電灯の契約容量と電力の契約容量との合計が 1 kVA を 1 kW とみなして 50 kW 未満である．

　供給電気方式は単相 3 線式 100 V および 200 V である．

　従量電灯 C には以下の契約がある．

　（1）　契約負荷設備

　契約する負荷設備をあらかじめ設定し，契約負荷設備の総容量に**表 8.3** に示す係数を乗じて得た値を契約容量とするもので，契約負荷容量が出力で表示されている場合には，定額電灯の契約の場合と同様に入力換算する．また，出力などの銘板による表示がなく容量算出の

際に不明確である電気機器は実測値により算出される.

表 8.3 契約容量

最初の 6 kVA につき	95 パーセント
次の 14 kVA につき	85 パーセント
次の 30 kVA につき	75 パーセント
50 kVA を超える部分につき	65 パーセント

> 従量電灯の場合の契約負荷設備や回路契約での契約容量算定に乗じる係数.
> 例えば 7.4 kVA の設備の場合,
> 6 kVA×0.95＋(7.4－6)×0.85
> ＝5.7 kVA＋1.19 kVA＝6.89 kVA
> となり, 小数点以下を四捨五入して7 kVA契約とする.

コンセントの差込口の数と使用する電気機器の数が異なり電気機器の数がコンセントの差込口の数を上回る場合には, 差込口の数に応じた電気機器の総容量とし, 最大の入力の電気機器から順次対象となる.

また, 電気機器の数がコンセントの差込口の数を下回る場合には, 電気機器の数を上回る差込口の数に応じて下記の値を加えたものとなる.

(a) 住宅, アパート, 寮, 病院, 学校および寺院は 1 差込口につき 50 VA.

(b) (a) 以外の場合は 1 差込口につき 100 VA.

竣工検査の時点では契約する対象の負荷設備がすべて確認されなくてはならない.

(2) 回路契約

契約負荷を確認できない場合には, **表 8.4** に示す同一業種の一回路における平均設備負荷容量に基づいて契約負荷の総容量を算定する. ただし, 単相200 Vの分岐回路の場合と使用することが明確な大型電気機器などや15 Aの分岐回路および20 Aの配線用遮断器の分岐回路以外の分岐回路については実際に接続される負荷の容量で算定される.

表 8.4 平均負荷設備容量

業　　　種	1回路当たりの平均負荷設備容量〔VA〕	業　　　種	1回路当たりの平均負荷設備容量〔VA〕
住　　　宅	770	旅館, 飲食店	880
アパート, 寮	990	劇場, 娯楽場	950
商　　　店	930	学　校, 病　院	860
事　務　所	920	そ　の　他	930

> 15 A分岐回路または20 A配線用遮断器による分岐回路の1回路の平均負荷設備容量である.

住宅兼店舗のように同一業種でない場合には, 回路ごとに使用目的の業種の平均負荷設備容量を適用する. 電流制限器の取付けはないが回路数と実負荷容量で契約するため, 回路の増設や契約負荷の変更には契約の更改が必要になる.

契約容量について簡単に述べる. 例えば, 使用目的が住居であり, 100 V 20 Aの配線用遮断器による分岐回路を8回路とし, 200 Vのエアコンの容量を2 850 VAとした場合は, 表8.4

により総容量は次のようになる.

　　　総容量 = 770 VA × 8 + 2 850 VA = 9 010 VA = 9.01 kVA

　表 8.3 により最初の 6 kVA は 95 ％とし，6 kVA を超えて 14 kVA までについては 85 ％とするため，次式により契約容量を求めることができる.

　　　契約容量 = 6 × 0.95 + (9.01 − 6) × 0.85 = 8.2585 kVA

　求めた値の小数点以下を四捨五入すると 8 kVA の契約容量となる.

　(3)　契約主開閉器

　契約主開閉器により契約容量を定めることを希望する場合は，負荷設備の総容量に関わらず契約主開閉器の定格電流値により算定した値とするため，あらかじめ契約主開閉器を設定しなければならない.　したがって，回路数や負荷の容量の変更には契約上問題はないが，契約主開閉器の定格電流値の変更には契約の更改が必要になる.

　電気の供給方式は単相 3 線式であるが，供給設備の都合や技術上やむを得ない場合には単相 2 線式 100 V および 200 V または三相 3 線式 200 V とすることがある.

　契約主開閉器の契約容量および契約電力は負荷の力率が 100 ％として算定し，電気の供給方式が単相 2 線式 100 V および 200 V または単相 3 線式 100 V および 200 V の場合には次式により算出する.

　　　契約容量〔kVA〕＝契約主開閉器の定格電流〔A〕×電圧〔V〕÷ 1 000

　ただし，単相 3 線式の場合には電圧を 200 V として算出する.

　単相 3 線式の契約主開閉器の定格電流値を 40 A とした場合は次式のようになる.

　　　契約容量〔kVA〕＝ 40 A × 200 V ÷ 1 000 = 8 kVA

となり 8 kVA 契約となる.

　(4)　低圧高負荷契約

　電灯と以下で述べる動力とを併せて使用する需要設備で，契約電力が 30 kW 以上であり 50 kW 未満であるものに適用される契約方法である.

　電気の供給方式は単相 3 線式 100 V および 200 V ならびに三相 3 線式 200 V の 2 供給電気方式であり 2 需給計器となる.

■ 8.1.5　臨時電灯 A

　電灯や小型機器を使用する契約で使用期間が原則として 1 年未満の需要設備で，総容量が 3 kVA 以下であるものに適用される契約である.

　電気の供給方式は単相 2 線式 100 V または単相 3 線式 100 V および 200 V であり，負荷の総容量は定額電灯に準じて算出される.

　臨時電灯 A は小規模な住宅の建築現場での工事用の電気で使用されているのを見かけることが多い.　定額電灯と同様であるため，電気メータの取付けはない.

■ 8.1.6 臨時電灯 B

電灯や小型機器を使用する契約で使用期間が原則として1年未満の需要設備で，契約電流が40A以上，かつ60A以下であるものに適用するが，毎年，一定期間に限り反復して使用する需要設備には適用しない．内容は従量電灯Bと同様であり，SB契約の場合には電流制限器の定格電流値は40A，50Aまたは60Aのいずれかを選択する．

分電盤には電流制限器を取り付けるため，市販の分電盤を使用する場合はリミッタスペース付きを選択するほか，分電盤を組み立てる場合には電流制限器の取付けスペースを確保する．

また，臨時電灯Aと異なり，電気メータの取付けが必要になる．分岐回路の分岐数で契約を行う回路契約の場合には，4分岐以上で臨時電灯Bとなる．

■ 8.1.7 臨時電灯 C

電灯や小型機器を使用する契約で使用期間が原則として1年未満の需要設備で，契約容量が6kVA以上であり50kVA未満の需要設備に適用するが，臨時電灯Bと同様に，毎年，一定期間に限り反復して使用する需要設備には適用しない．このほかの事項については，特に取決めがある場合を除いて従量電灯Cに準じた契約になる．

また，臨時電灯Bとは異なり電流制限器の取付けはないが，電気メータの取付けがあり，従量電灯Cと同様な契約方法である．

■ 8.1.8 公衆街路灯 A

公衆のために道路，橋，公園などに照明用として設置した電灯や火災報知機灯，消火栓標識灯，交通信号灯，防犯灯などの電灯，小型機器を使用する需要設備で，総容量が1kVA未満であるものに適用する契約である．

容量の換算および特に定めてある事項以外については定額電灯に準じて算出される．

広告用の電灯を使用する場合には，公衆用街路灯とは分離して設置し，それぞれについて1需給契約となる．

■ 8.1.9 公衆街路灯 B

公衆街路灯を使用する需要設備で，契約容量が1kVA以上であり50kVA未満である場合などのほか，公衆街路灯Aが適用できない場合の契約方法である．

容量換算については定額電灯と同様であり，電気の供給方式は単相2線式100Vまたは単相3線式100Vおよび200Vである．

また，公衆街路灯Aと同様に，広告用の電灯を使用する場合には，公衆用街路灯とは分離して設置し，それぞれについて1需給契約となる．

■ 8.1.10   低圧電力

電気の供給方式は三相3線式200 Vで1需要場所において従量電灯と併せて契約する場合には契約電力との合計が50 kVA未満である.

住宅以外の業務用エアコン, 三相誘導電動機や電熱装置, 電気溶接機や電気炉などの製造や産業の動力源などとして使用される電気機器に適用する契約であり, 動力とも呼ばれる.

（1）契約電力

契約する負荷設備をあらかじめ設定し, 契約負荷設備の各入力について**表8.5**に示す係数を乗じる. 出力で表示されている場合には**表8.6**に示す負荷設備の入力換算容量によって換算した値を用いる. 係数を乗じた値を合計し, その値に**表8.7**に示す係数を乗じて得た値を契約容量とする, 契約台数による容量圧縮後の容量で契約する方法である.

表8.5   台数圧縮

最大の入力のものから	最初の2台の入力につき	100パーセント
	次の2台の入力につき	95パーセント
	上記以外のものの入力につき	90パーセント

表8.6   換算容量
負荷容量の入力換算

換算容量（入力〔kW〕）
出力〔馬力〕×93.3パーセント
出力〔kW〕×125.0パーセント

表8.7   入力換算容量

最初の6 kWにつき	100パーセント
次の14 kWにつき	90パーセント
次の30 kWにつき	80パーセント
50 kWを超える部分につき	70パーセント

ここで, 住宅の場合での一例として動力のエアコン2台を使用する場合の契約容量を求めてみる.

エアコンAの銘板には圧縮機1.5 kW, 室外ファン38 W（0.038 kW）, 室内ファン45 W（0.045 kW）がそれぞれ1台であり, エアコンBには圧縮機1.3 kW, 室外ファン38 W（0.038 kW）, 室内ファン45 W（0.045 kW）がそれぞれ1台である場合には, 出力表示であるため表8.6によって入力に換算する.

入力換算する場合には, 圧縮機も室内外ファンも電動機であるため表8.6より定格出力の125％とする. エアコンAの圧縮機は1.875 kW, 室外ファンは0.0475 kW, 室内ファンは0.05625 kWであり, エアコンBの圧縮機は1.625 kW, 室外ファンは0.0475 kW, 室内ファ

ンは 0.05625 kW と換算できる．

　入力換算した値を合計すると 3.7075 kW となり，表 8.7 より係数を選択して合計した値に乗じることになるが，最初の 6 kW までは係数は 100％ であるため 3.7075 kW で値に変わりはなく，小数点以下を四捨五入して 4 kW が契約容量となる．

　（2）契約主開閉器

　主開閉器の定格電流によって契約電力を定めることを希望する場合には，負荷設備容量に関わらず，契約する主開閉器をあらかじめ設定することにより契約することができる．この場合の契約容量の算定方法は，三相 3 線式 200 V の場合では次により算出する．

　　　契約容量〔kVA〕＝契約主開閉器の定格電流〔A〕× 電圧〔V〕× 1.732 ÷ 1 000

　例えば，契約主開閉器の定格電流値を 40 A とした場合には，電圧は三相 200 V であるから次のようになる．

　　　契約容量〔kVA〕＝ 40 A × 200 V × 1.732 ÷ 1 000 ＝ 13.856 kVA

となり，小数点以下を四捨五入すると 14 kVA 契約となる．

■ 8.1.11　深夜電力

　午後 11 時から翌日の朝 7 時までの時間に限って，温水のために動力（小型機器は動力とみなす）を使用する需要に適用する契約方法である．

　（1）深夜電力 A

　供給電気方式は単相 2 線式 100 V もしくは 200 V，または単相 3 線式 100 V および 200 V で契約電力が 0.5 kW 以下であり，一年を通じてこの契約種別の適用を希望する場合に適用される．

　（2）深夜電力 B

　原則として契約電力が 1kW 以上 50kW 未満であり，一年を通じてこの契約種別の適用を希望する場合に適用される．

■ 8.1.12　第 2 深夜電力

　契約電力は深夜電力 B と同じであるが，毎日午前 1 時から午前 6 時までの時間に限って使用し，一年を通じてこの契約種別の適用を希望する場合に適用される．

■ 8.1.13　時間帯別電灯

　時間帯別電灯には夜間 8 時間型と夜間 10 時間型がある．

　夜間 8 時間型の場合には，昼間時間は毎日午前 7 時から午後 11 時までとして，それ以外の時間を夜間時間と設定する．

　夜間 10 時間型の場合には，昼間時間を毎日午前 8 時から午後 10 時までとして，それ以外の時間を夜間時間と設定する．

　時間帯別電灯の適用範囲は従量電灯の適用範囲であり，電気の供給方式は単相3線式100 V および 200 V であり，夜間蓄熱式の機器などにより昼間から夜間の時間帯へ使用時間帯を移行できる需要に対して適用される．

　夜間蓄熱式機器とは，夜間時間に通電して蓄熱のために使用される機器に該当するものである．夜間蓄熱式の機器以外の負荷については，原則として従量電灯 C の適用を受ける．夜間 8 時間型と夜間 10 時間型では昼間時間の電気使用料および夜間時間の電気使用料の設定や割引が異なる．

■ 8.1.14　季節別時間帯別電灯

　季節別時間帯別電灯の適用範囲は従量電灯の適用範囲で，夜間蓄熱式の機器またはオフピーク蓄熱式の電気温水器を使用し，これらの機器の総容量が 1 kVA 以上である場合で，この契約を希望される場合に適用される．

　オフピーク蓄熱式の電気温水器は，ヒートポンプを利用して電力会社により設定されているオフピーク時間帯に蓄熱することで，給湯や床暖房に使用するお湯を沸き上げる機能を持つ電気温水器で夜間蓄熱式機器に該当しないものをいう．

　電気の供給方式は単相3線式 100 V および 200 V であり，契約容量は従量電灯 C に準じて決められる．

　時間帯の区分としては，ピーク時間を毎日午前 10 時から午後 5 時までの時間とし，オフピーク時間を毎日午前 7 時から午前 10 時および午後 5 時から午後 11 時までの時間として設定される．また，このピーク時間とオフピーク時間以外の時間帯は夜間時間として設定される．

　季節の区分は，一年を夏季節とそれ以外の季節に分け，夏季節は 7 月 1 日から 9 月 30 日までの期間とし，それ以外の期間を夏季節以外の季節として設定される．

　ピーク時間の電気使用の料金に，夏季節とそれ以外の季節のそれぞれの電気料金の設定が適用される．

8.2　電気使用申込用紙の書き方

　第 8 章の冒頭で述べたように，住宅の新築工事の場合には電力会社への申込みは 2 回必要になる．

　一回目は，新築工事の工事中に作業灯や電動工具などを使用するために，工事用の電気の申込みを行うもので，この申込みの場合は工事中の短期間のもので，工事が終了したときには撤去することになり，契約の種別としては臨時の契約となる．

　二回目は，住宅の竣工前に建物の電気設備のために申し込むもので，長期間にわたり特別な事情がない限りは継続して契約する本設の申込みである．

　住宅の場合での更地から竣工までの新築工事のフローチャートを**図 8.4** に示す．

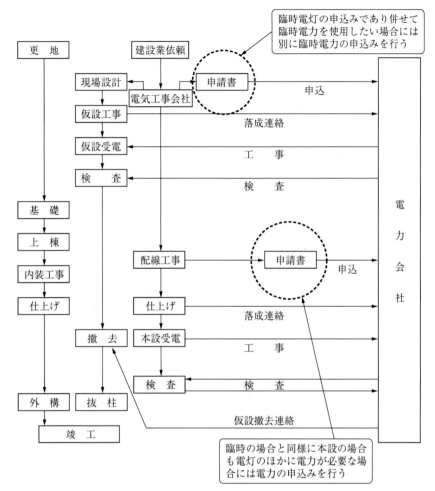

図 8.4 新築工事の流れ

　電気使用の申込みの際には申込用紙と施工証明書兼お客様電気設備図面の用紙が必要となる．申込用紙は電力会社において無料で入手することができるが，施工証明書兼お客様電気設備図面の用紙については東京電力管内では電力会社または最寄りの電気工事工業協同組合などにおいて1冊1000円程度で入手することができ，この用紙を使用することを推奨している．

　施工証明書兼お客様電気設備図面の用紙については電灯と電力に分かれているほかは，臨時の場合も本設の場合も記入の方法は基本的に違いはないが，申込用紙は電灯と電力に分かれているほか，臨時電灯と臨時電力，時間帯別，連記式（共同住宅用），深夜電力などにより用紙は異なる．

　東京電力管内以外（北海道，東北，北陸，中部など）では，それぞれの電力会社により申込用紙の様式は異なるが，記入すべき内容は同じである．

　施工証明書兼お客様電気設備図面の用紙は**図 8.5**（a）に電灯用，図8.5（b）に電力用を

示すとおり，A3 の用紙で右半分に配線図，付近図，分電盤図などを書き込み，左半分に施工場所，注文者，契約方法，設備状況，自主検査結果および施工工事店を記入する項目が設けられている．

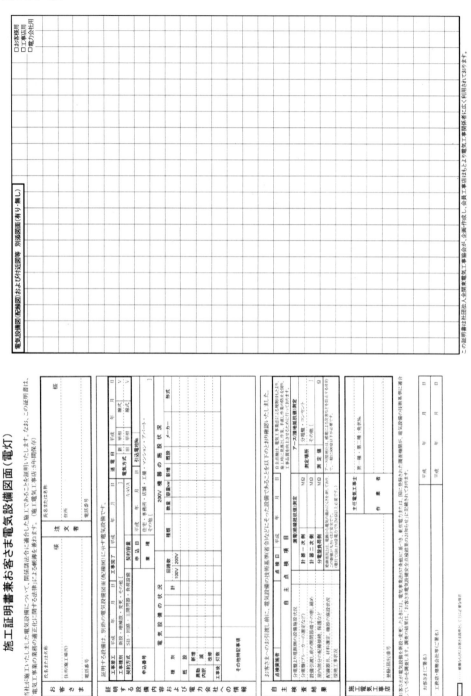

図 8.5　（a）施工証明書およびお客様電気設備図面（電灯）

この用紙は社団法人全関東電気工事協会によって企画および作成されたものであり，利用する工事業者や関係者も多い．

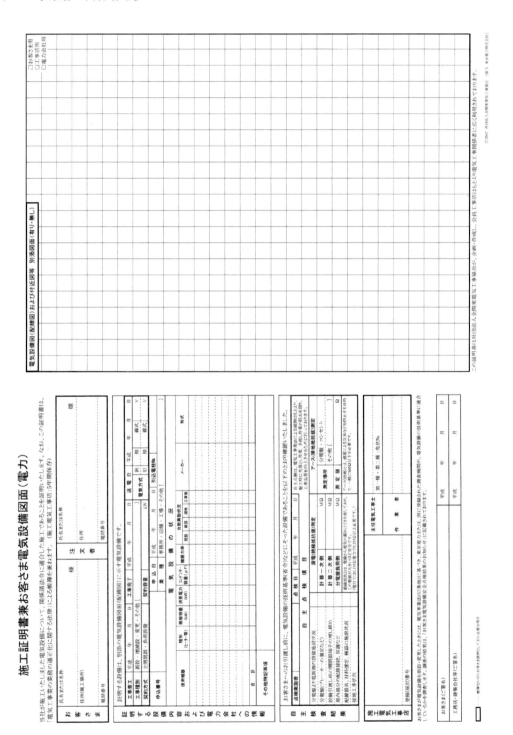

図 8.5 （b）施工証明書およびお客様電気設備図面（電力）

■ 8.2.1 臨時電灯の申込み

建設会社が建設着工時には，現場は更地であり電気を使用することができないため，電気を受電できるようにする仮設工事を行う．鋼製の柱（仮設柱）を建柱して，柱に引込口線，電気メータの取付板またはメータフード，分電盤およびコンセントなどを設置して，そこから建設工事用の電動工具や作業灯を使用するが，この電気設備を仮設といい，施工例を**図8.6**に示す．

引込取付点と取付金具

鋼管柱

引込口線
（電気メータ一次側）

臨時電灯の従量制契約のため電気メータの取付けがある

防水箱入りの分電盤

図8.6 仮設施工例

仮設柱は鋼管製のものを使用することで引込線との接続時に柱が折損することを防ぎ，根入れを1m以上とすることで引込線の張力や重みで柱が倒れないように施工することが重要である．

臨時電灯の場合には，臨時電灯の申込書が1通と施工証明書兼お客様電気設備図面の用紙が3通必要になる．施工証明書兼お客様電気設備図面の用紙の3通のうち1通は電力会社に正規の図面として使用され，1通は電気工事会社によって控え図面として保管される．残りの1通は需要家の控え図面として分電盤の中など電気的に安全なところへ収めておくか，需要家に保管していただくことになる．

臨時電灯の電気使用申込書は4枚綴りになっているが，記入するところは1枚目と4枚目になる．1枚目の太枠（赤い太枠）で囲まれた記入欄に書き込むことで2〜4枚に複写されるようになっている．

記入内容については次のとおりである．

（1）　電気の使用場所は建築現場の住所であり，契約者の名義は建築の発注者（需要家）とするのか，または請け負った建設会社とするのかを元請け会社に確認して記入する．

（2）　電気工事店の登録番号は電力会社の管理登録番号である．業者登録番号には知事への届出の登録番号または国土交通大臣への届出の番号を記入するが都工組に加盟している業者の場合には赤色または朱色で記入する．建設会社の会社名と住所およびお客様の名前と住所をそれぞれの欄に記入する．マル優と記載された欄は優秀工事店に認定された場合に使用する欄で，認定書に記載されている番号を記入する．

（3）　電気使用目的が建設用であるのか，それ以外の目的であるのか○を付ける．送電希望日には受電するための電気設備の設置を終えなくてはならないため，十分に検討して希望日を記入する．使用期間は建築工事などで電気を使用する期間を記入するが，使用期間が過ぎる場合には電話などで延長を申し出るか，期間が過ぎてしまった場合にはがきなどで通知されるが，撤去を申し出るか，契約約款に反しない限り契約は自動的に更新される．負荷の灯数はL（白熱電球類）C（コンセント）FL（蛍光灯）などの負荷の種別に関わらず灯数の合計を記入する．分岐回路数は添付する分電盤図の20 A回路，30 A回路に関わらず分岐数を記入する．配線には引込口線の電線の太さを記入するが，断面積や直径ではなく**表8.8**に示す番号を記入する．この表は申込用紙（電灯）に掲載されている．

表8.8　申込用紙での幹線の太さを表す番号

電線の太さは直径や断面積ではなく，この番号を記入するがこの表は電灯などの申込用紙の記入欄に掲載されている．

番号	直径および断面積	番号	直径および断面積
1	1.6	7	22
2	2	8	30
4	2.6	9	38
5	8	0	その他
6	14		

（4）　契約種別は臨時A，臨時Bおよび臨時Cの中で該当するものに○を付ける．また，電気方式も該当するものに○を付ける．契約方式はSB契約，回路契約，主開閉器契約および負荷設備契約の中から該当するものに○を付ける．SB契約の場合には40〜60 Aの中から希望のアンペア数を契約容量に記入する．回路契約の場合には1回路を930 VAとし，930 VAを1 kVAとして契約する．

電灯の主開閉器契約の場合には，主開閉器の定格電流値×電圧が契約容量となる．臨時電灯Aの場合は原則として負荷設備の総容量が契約容量となるため記入欄に容量と台数などを記入する．負荷設備の総容量が確定できない場合には1回路当たり930 VAとして契約容量を決定することができる．

（5）　料金請求先の住所および電話番号と契約者の名前を記入する．

4枚目は引込線関係協議票となっており，方眼紙の余白が付近図を記入する欄になってい

る．付近図は道路や付近の建物および引込本柱などは黒色で書き，仮設への電気供給のための新設の引込線と仮設柱および引込接続点を赤色で記入する．付近図の記入欄の左側には引込電柱の標識と番号および引込工事方法を記入する欄がある．

1枚目の記入例を**図 8.7** に，4枚目の引込線関係協議票への記入例を**図 8.8** に示すが，この引込線関係協議票に記入する図が第3章で述べた付近図に該当する．

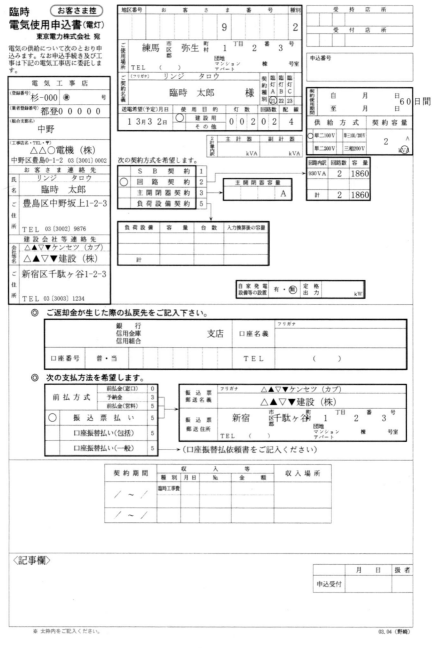

図 8.7　臨時電灯申込書記入例

　3枚目の裏には結線図と付近図を記入する方眼紙の余白があるが，施工証明書兼お客様電気設備図面の用紙に内線図面を記入して，または別紙によって添付することになるために記入する必要はない.

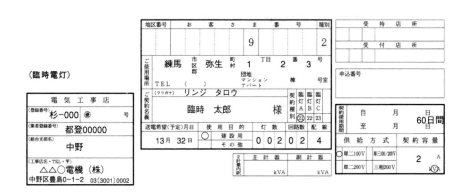

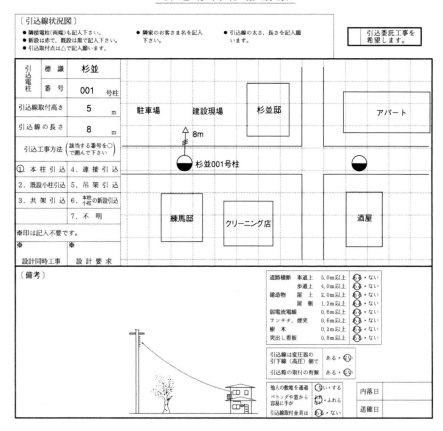

図8.8　引き込み関係協議票への記入例

　施工証明書兼お客様電気設備図面の用紙の記入方法について述べる.

　用紙の右側に方眼紙が施されている余白には，施工した仮設柱の姿図，分電盤図，幹線系統図および付近図を記入する．書き切れない場合には，余白の部分を別紙で継ぎ足すか，別紙に図面を書いた上で施工証明書兼お客様電気設備図面の用紙に添付する．これらの記入例を**図 8.9** に示すが，この図は回路契約で 2 つの分岐回路が設けられているため 2 kVA 契約のものである.

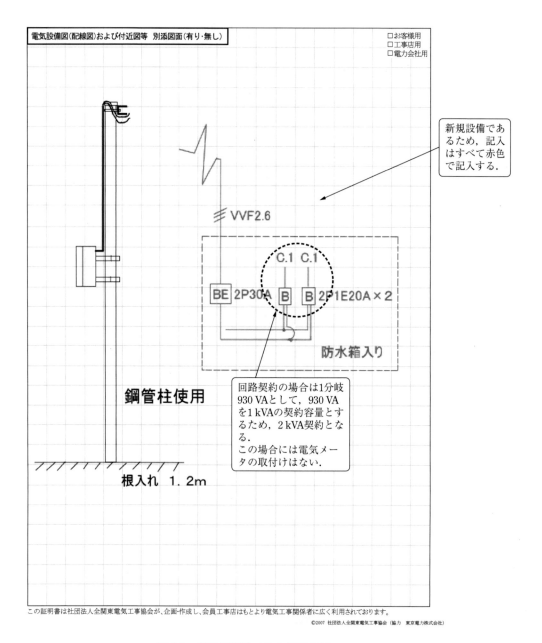

図 8.9　臨時電灯施工書右側記入例

　分電盤図や幹線系統図および配線用図記号は，新設の場合には赤色で記入する．既設の電気設備がある場合は，既設を黒色，新増設など変更する設備および配線を赤色で記入する．ただし，建築工事用の仮設であれば既設は存在しないため記入は赤色となる．

　また，姿図を分電盤図および幹線系統図と合わせて**図 8.10**に示すように簡略化して描いても差し支えない．

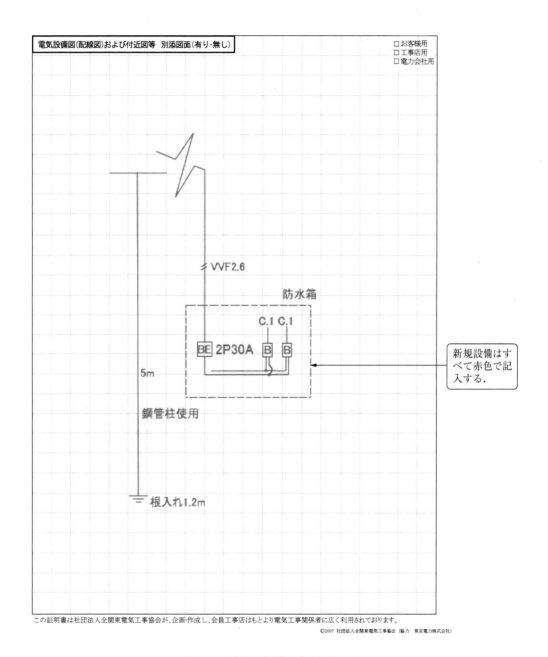

図 8.10　臨時電灯施工書右側記入例

　電力会社での協議に際しては，相手が図面を見て理解しやすく書くことが重要であり，そのポイントは次のとおりである．

(1)　鋼管柱を使用し，根入れは 1 m 以上あるのか．

(2)　引込口線の太さと分電盤の分岐数や需要計器の取付け位置，および使用される負荷の種類と数．

(3)　仮設柱を建柱した位置と本柱の位置，および引込線の経路と距離．

(4)　引込接続点の地上からの高さと接続点の金物の有無．

(5)　引込工事を行う道路が商店街かバス通りかなどの状況や，新築工事を行う敷地が河川沿いであるのか．

などである．

　引込線の経路で既設小柱を経由する場合や引込状況の悪い場合などは，机上での設計で決定することができないため，電力会社が現場まで赴いて状況確認や設計を行った上で決定することになる．これは NTT 柱などの小柱が電線の張力や重量に耐え兼ねて倒れる事故が多発しているためである．したがって，電力会社の設計担当部署に書類が回ることになるため，申込み受付から受電および検査となるには通常は 1 ～ 2 週間ほどの時間を必要とするが，設計のために 7 ～ 10 日ほど余計に日数を要することになる．

　この他には，国道や商店街などの交通量や人の通りが多い場所において引込工事を行う場合には道路使用許可が必要になり，やはり 7 ～ 10 日ほど余計に日数を要する．

　また，河川沿いなどの河川付近で現場の土地が河川管理局の管轄に入っている場合や，引込本柱がなく道路に本柱を建柱しなくてはならない場合などでは申請して許可を得るまでに最短で 1 ～ 2 ヶ月ほど余計に日数を要するため，周囲の状況を十分に認識した上で電気を使用したい日から十分余裕をみて逆算して申込みを行う必要がある．建設会社などは新築工事の申請を行う際に河川管理局の管轄であることを承知している場合が多いため，この点についてもあらかじめ確認するとよい．直接的に新築物件への引込線に関係なくても本柱の配電線の容量が不足して架線を張り直す場合も同様であり，特に架空線が河川をまたぐ場合は注意が必要である．

　施工証明書兼お客様電気設備図面の用紙の左側には記入欄が用意されており，特に太枠で囲まれた部分の記入は必ず行う．記入方法は申込用紙への記入と同様である．

(1)　施工場所の住所とお客様の名前および電話番号．

(2)　建設業者または発注者の住所と名前または名称および連絡先．

(3)　工事種別と契約方式および契約容量．

(4)　電気方式と送電希望日．

(5)　電気の使用目的および引込本柱の標識と電柱番号．

(6)　接地工事の接地抵抗値と幹線および各回路の絶縁抵抗値などの自主検査結果．

(7)　施工電気工事店の業者登録番号，工事店の名称，主任電気工事士の名前と免許証番

号および現場作業者名.

太枠で囲まれてはいないが電気設備の状況を記入する欄が用意されているため，分電盤図に明記した負荷の種類と設備数を書き入れる．書き入れた一例を図 8.11 に示す．

施工証明書兼お客さま電気設備図面（電灯）

当社が施工いたしました電気設備について、関係諸法令に適合した施工であることを証明いたします。なお、この証明書は、「電気工事業の業務の適正化に関する法律」による帳簿を兼ねます。（施工電気工事店：5年間保存）

お客さま	氏名または名称　臨時　太郎　様	注文者	氏名または名称　△▲▽▼建設（株）　様
	住所(施工場所)　練馬区弥生町 1－2－3		住所　新宿区千駄ヶ谷 1－2－3
	電話番号		電話番号　03(3003)1234

証明する設備内容および電力会社への情報

証明する設備は、別添の電気設備図面(配線図)に示す電気設備です。

工事着工	平成 20 年 4 月 1 日	工事完了	平成 20 年 5 月 30 日	送電日	平成　年　月　日
工事種別	㊂新設・増減設・変更・その他 [　]			電気方式	新　単相　2 線式　100 V
契約方式	SB・(回路)・主開閉器・負荷設備	契約容量	2　A・(k)VA		旧　単相　線式　V
申込番号		申込日	平成 20 年 3 月 15 日	引込電柱No.	杉並001
		業種	(住宅)・事務所・店舗・工場・マンション・アパート・その他 [　]		

電気設備の状況									
種別		C					計	回路数 100V	回路数 200V
既設									
異動内訳	(新)増	2					2	2	0
	減								
	改修								
工事後	灯数	2					2	2	0

200V 機器の施設状況						
種類	数量	容量kW	新増	既設	メーカー	形式

その他特記事項

自主検査結果

お客さまへのお引渡し前に、電気設備の技術基準(省令)などにそった設備であることを以下のとおり確認いたしました。

点検実施者	△△▲▲　浩	点検日	平成 20 年 3 月 14 日

自主点検は、電気工事業法による規制はもとより、施工時に見落とし作業、手直し作業の防止を図り、工事品質を向上させるために行っております。

自主点検項目	
分電盤より電源側の設備施設状況	○
分電盤(ブレーカーの選定など)	○
設備引渡し前の開閉器端子の増し締め	○
屋内部分の配線接続、保護など	○
配線器具、材料選定、機器の施設状況	○
接地工事状況	○

漏電(絶縁抵抗値)測定	
計器一次側	∞ MΩ
計器二次側	MΩ
分電盤負荷側	MΩ

絶縁抵抗とは、電線から電気の漏れにくさを表しており、この数値が大きいほど安全です。(電灯では0.1MΩ電力で0.2MΩ以上必要です。)

アース(接地抵抗値)測定	
測定場所	分(電)盤・コンセント
	その他 [　]
測定値	50 Ω

アース(接地)とは、感電による災害などを防止する目的で、一般に500Ω以下が必要です。

施工電気工事店	△△○電機（株）	主任電気工事士	△△▲▲　浩
			第(一)種・第二種：免状No. 123456
	登録(届出)番号　都登00000	作業者	△△▲▲　浩
			□□■■　二郎

お客さまが電気設備を新設・変更したときには、電気事業法(57条他)に基づき、東京電力または、国に登録された調査機関が、電気設備の技術基準に適合しているかを調査します。調査の結果は、「お客さま電気設備安全点検結果のお知らせ」に記載されております。

お客さま(ご署名)	平成　年　月　日
工務店・建築会社等(ご署名)	平成　年　月　日

▭ …… 帳簿ならびにお客さま説明として主に必要な項目

図 8.11　臨時電灯施工書記入欄記入例

■ 8.2.2　電灯の申込み

　電灯の電気使用申込用紙は 5 枚綴りであるが，記入が必要になるのは 1 枚目と 4 枚目である．**図 8.12** に示すのは申込用紙の 1 枚目であるが，1 枚目の太枠（赤い太枠）で囲まれた記入欄は 2 〜 5 枚目に複写されるようになっている．記入方法を項目別に述べると，

　(1)　契約種別は従量 A，従量 B，従量 C および低圧高負荷のいずれかより選択して○を付ける．定額電灯の場合には定額電灯用の申込用紙になる．

　(2)　申込種別は新築の場合には新設になる．増改築の場合に契約容量を増設する場合には増設を選択し，減設する場合には減設とする．分割とは，戸建て住宅のように電気メータが 1 つの需要設備を二世帯住宅などへ変更する場合で，需要設備を電気的に完全に切り分けて，それぞれの世帯に電気メータを取り付ける場合などをいい，併合は分割の逆の場合である．

　(3)　送電希望日は申込の時点での送電を希望する日を記入する．新築工事の進行状態により希望日は前後する可能性があるが，申込後の希望日の変更がないように受電設備の設置を終えていなくてはならない．希望日の変更は電力会社の送電工事日程にも影響を与えてしまうため確実な日を設定する．

　(4)　使用場所は建築現場の住所であり，契約名義は電気料金を支払う方の氏名である．地区番号とお客様番号はすでに需要計器があり，電気が供給されている場合には電気料金の領収書に記載されているが，新築の場合には番号は存在しないため，申込時に発番される．

　(5)　業種は需要設備の使用目的を記入する．居住を目的とした建物であれば住宅と記入すればよい．また，住宅兼店舗などの場合には主とする業種を記入すればよい．

　(6)　灯数は分電盤図で記載した L（白熱球類），C（コンセント），FL（蛍光灯）などの負荷の種別に関わらない取付け灯数の合計の値である．

　(7)　回路数は分岐回路の種類や容量を問わずに分岐数を記入する．

　(8)　配線は引込口線の電線の太さを記入するが，記入欄のすぐ右側に電線の太さに応じて番号が振られているため，記入するのは断面積や直径でなく番号を記入する．

　(9)　供給方式は該当するものに○を付ける．

　(10)　契約方式は SB 契約，回路契約，主開閉器契約および負荷設備契約の該当するものに○を付ける．SB 契約の場合には契約容量の欄に 10 〜 60 A の中から希望するアンペア数を記入し，回路契約，負荷設備契約の場合には契約容量の欄に算出した契約容量を記入する．主開閉器契約の場合には定格電流値を主開閉器容量の欄に記入し契約容量の欄に契約容量を記入する．

　(11)　100 V 20 A 回路および特殊回路の欄は，回路契約の場合には 15 A 分岐回路または 20 A 配線用遮断器の分岐回路については業種別に平均負荷設備容量と回路数およびその合計容量を記入する．特殊回路については実負荷容量を記入するが，その根拠となる使用機器のデータとして電圧，運転電流，メーカ名，使用台数および型式などをそれぞれの項目に記入する．申込みの際に使用機器の仕様書やカタログなどを添付するとよい．

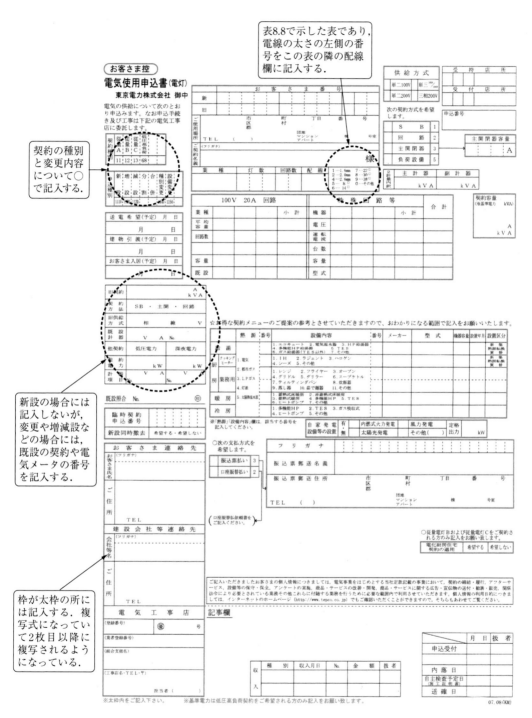

図 8.12 電灯電気使用申込書

（12）給湯器，厨房および冷暖房の参考記入欄はそれらの機器の熱源が電気によるものか，またはガスによるものか，電気による場合にはメーカ名と型式および容量などを参考までに記入する．

（13）お客様連絡先は新築などの建築工事の発注者であり，建物の持ち主である．（4）の電気使用の契約名義と通常は同じになるが，賃貸住宅として第三者に貸した場合などには，建物の持ち主と電気使用の契約名義が異なる場合が出てくる．

（14）建設会社等連絡先および電気工事店の欄は臨時電灯と同様である．

（15）太枠では囲まれていないが，既設照合の記入欄が送電希望日の記入欄の下に設けられている．新築工事の場合には既設の需要設備がないため既設照合はないが，増減設や変更工事の場合には既設を照合し，変更前の電灯の契約内容や動力設備の有無，お客様番号，既設の供給方式などを確認する．

これらについては電力会社の各営業所，支社，カスタマーセンターなどで照合できる．また，通常は既設照合を行う場合には，住所や氏名だけでは照合できない場合があるため，既設の電気メータの電圧，電流および計器番号，またはお客様番号を調べておく必要がある．

電気メータの計器番号の一例を**図8.13**に示すが，6桁ある番号の下3桁が照合に必要な計器番号である．

電気メータの番号は下3桁でよい

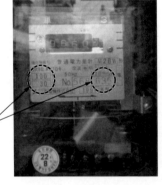

右側の丸で囲まれた番号で6桁のうち下3桁がメータ番号である．この場合にはNo.635となる．
既設照合にはこの場合100V30ANo.635の情報が必要になる．

図8.13 電気メータの番号

電灯の申込用紙の4枚目は臨時電灯の場合と同様に引込線関係協議票であるので付近図および引込本柱の標識と番号，引込方法を記入する．

電灯使用申込みの場合は，施工証明書兼お客様電気設備図面用紙の右側には第3章から第5章にかけて述べたように幹線系統図，分電盤図，電気設備図および付近図を記入する．ただし，付近図については現在の用紙の様式は従来の様式と異なり，従来の様式では設けられていた付近図を記入するための記入欄が設けられていないため，各電気設備図を記入した余白などに記入することが望ましいが，用紙にすべての図を書き切れない場合などは申込用紙に引込関係協議票として付近図を記入する欄が設けられているため引込関係協議票に記入す

ることで施工証明書兼お客様電気設備図面用紙に付近図を記入することを省略しても差し支えはない. 付近図を省略して施工証明書への幹線系統図を兼ねた分電盤図および電気設備図の記入例を**図8.14**に示す.

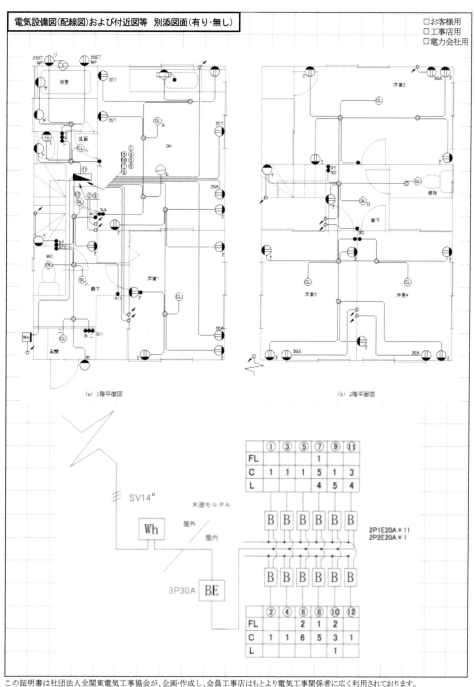

図 8.14 施工証明書への住宅設備図記入例

図8.14の平面図および部屋の用途などは新築であっても黒色で記入し，分電盤図などの電気設備で新設のものはすべて赤色で記入する．また，既設の電気設備が存在する場合には，既設の電気設備は黒色で記入することになる．大きな建物で用紙の電気設備図の欄に書き切れない場合には，青焼きした図面などを添付することになるが，青焼きした図面は色分けは不可能であるため施工証明書兼お客様電気設備図面用紙にそのまま添付すればよい．

施工証明書兼お客様電気設備図面用紙の左側の記入欄は臨時電灯の場合と同様である．記入例を**図8.15**に示す．

証明する設備内容および電力会社への情報

証明する設備は、別添の電気設備図面(配線図)に示す電気設備です。

工事着工	平成 20 年 4 月 1 日	工事完了	平成 20 年 7 月 1 日	送電日	平成 20 年 6 月 28 日
工事種別	新設・増減設・変更・その他［　］			電気方式	新 単相 3 線式 100/200 V 旧 単相 線式 V
契約方式	SB・回路・主開閉器・負荷設備	契約容量	6 A・kVA		
申込番号		申込日	平成 20 年 6 月 6 日	引込電柱No.	杉並001
		業種	住宅・事務所・店舗・工場・マンション・アパート・その他［　］		

電気設備の状況

種別		C	L	FL			計	回路数 100V	回路数 200V
既設									
異動内訳	新増	29	14	6			49	11	1
	減								
	改修								
工事後	灯数	29	14	6			49	11	1

200V 機器の施設状況

種類	数量	容量kW	新増	既設	メーカー	形式
エアコン	1	1.5	1		☆☆電気工業(株)	SHY40HNW

その他特記事項

自主検査結果

お客さまへのお引渡し前に、電気設備の技術基準(省令)などにそった設備であることを以下のとおり確認いたしました。

点検実施者	△△○　浩二	点検日	平成 20 年 6 月 5 日

自主点検は、電気工事業法による規制はもとより、施工時に見落とし作業、手直し作業の防止を図り、工事品質を向上させるために行っております。

自主点検項目

分電盤より電源側の設備施設状況	○
分電盤(ブレーカーの選定など)	○
設備引渡し前の開閉器端子の増し締め	○
屋内部分の配線接続、保護など	○
配線器具、材料選定、機器の施設状況	○
接地工事状況	○

漏電(絶縁抵抗値)測定	
計器一次側	∞ MΩ
計器二次側	∞ MΩ
分電盤負荷側	100 MΩ

絶縁抵抗とは、電線から電気の漏れにくさを表しており、この数値が大きいほど安全です。(電灯では0.1MΩ電力で0.2MΩ以上必要です。)

アース(接地抵抗値)測定	
測定場所	分電盤・コンセント その他［　］
測定値	30 Ω

アース(接地)とは、感電による災害などを防止する目的で、一般に500Ω以下が必要です。

図 8.15　施工証明書記入欄記入例

■ 8.2.3　電力の申込み

電力の電気使用申込用紙を**図8.16**に示すが，電灯と同様に5枚綴りになっており，記入が必要になるのは1枚目と4枚目である．

4枚目は引込線関係協議票であり臨時電灯，電灯と同様に付近図を記入して引込接続点，本柱または小柱の位置や距離，引込線の経路を記入する．

1枚目で電灯の場合と異なるのは契約種別と負荷設備記入欄である．

契約種別の欄では低圧電力（動力）の申込みの場合には，低力の項目に○を付ける．このほかに深夜電力Aおよび深夜電力B，第2深夜電力の申込みには，この申込用紙を使用することができる．

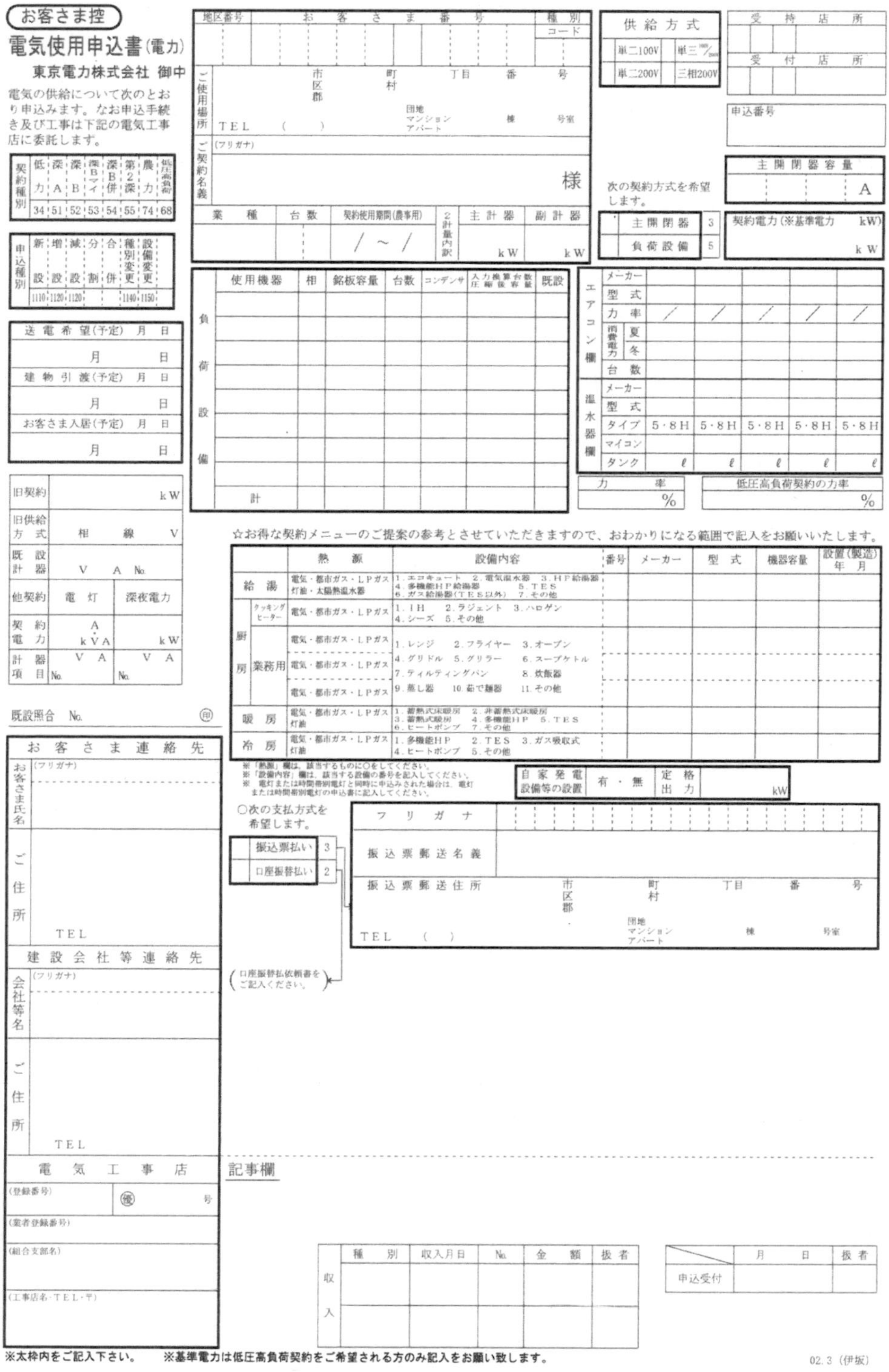
お客さま控

電気使用申込書(電力)

東京電力株式会社 御中

電気の供給について次のとおり申込みます。なお申込手続き及び工事は下記の電気工事店に委託します。

契約種別	低力	深A	深B	深Bマイ	深B併	第2深	農力	低圧高負荷
	34	51	52	53	54	55	74	68

申込種別	新設	増設	減設	分割	合併	種別変更	設備変更
	1110	1120	1120			1140	1150

送電希望(予定) 月 日	月 日
建物引渡(予定) 月 日	月 日
お客さま入居(予定) 月 日	月 日

旧契約	kW
旧供給方式	相 線 V
既設計器	V A No.
他契約	電灯 深夜電力
契約電力	A kVA kW
計器項目	V A No. V A No.

既設照合 No. ㊞

地区番号 / お客さま番号 / 種別コード

ご使用場所 市区郡 町村 丁目 番 号 団地 マンション アパート 棟 号室 TEL ( )

ご契約名義 (フリガナ) 様

業種	台数	契約使用期間(農事用)	2計量内訳	主計器	副計器
		/ ~ /		kW	kW

供給方式: 単二100V / 単三100/200V / 単二200V / 三相200V

受持店所 / 受付店所 / 申込番号

次の契約方式を希望します。 主開閉器 3 / 負荷設備 5

主開閉器容量 A

契約電力(※基準電力 kW) kW

負荷設備	使用機器	相	銘板容量	台数	コンデンサ	入力換算圧縮後容量	台数	既設
	計							

エアコン欄					
メーカー					
型式					
力率	/	/	/	/	/
消費電力 夏					
消費電力 冬					
台数					

温水器欄					
メーカー					
型式					
タイプ	5・8H	5・8H	5・8H	5・8H	5・8H
マイコン					
タンク	ℓ	ℓ	ℓ	ℓ	ℓ

力率 % / 低圧高負荷契約の力率 %

☆お得な契約メニューのご提案の参考とさせていただきますので、おわかりになる範囲で記入をお願いいたします。

		熱源	設備内容	番号	メーカー	型式	機器容量	設置(製造)年月
給湯		電気・都市ガス・LPガス 灯油・太陽熱温水器	1.エコキュート 2.電気温水器 3.HP給湯器 4.多機能HP給湯器 5.TES 6.ガス給湯器(TES以外) 7.その他					
厨房	クッキングヒーター	電気・都市ガス・LPガス	1.IH 2.ラジェント 3.ハロゲン 4.シーズ 5.その他					
	業務用	電気・都市ガス・LPガス	1.レンジ 2.フライヤー 3.オーブン					
		電気・都市ガス・LPガス	4.グリドル 5.グリラー 6.スープケトル 7.ティルティングパン 8.炊飯器					
		電気・都市ガス・LPガス	9.蒸し器 10.茹で麺器 11.その他					
暖房		電気・都市ガス・LPガス 灯油	1.蓄熱式床暖房 2.非蓄熱式床暖房 3.蓄熱式暖房 4.多機能HP 5.TES 6.ヒートポンプ 7.その他					
冷房		電気・都市ガス・LPガス 灯油	1.多機能HP 2.TES 3.ガス吸収式 4.ヒートポンプ 5.その他					

※「熱源」欄は、該当するものに○をしてください。
※「設備内容」欄は、該当する設備の番号を記入してください。
※ 電灯または時間帯別電灯と同時に申込みされた場合は、電灯または時間帯別電灯の申込書に記入してください。

自家発電設備等の設置 有・無 定格出力 kW

○次の支払方式を希望します。 振込票払い 3 / 口座振替払い 2

(口座振替払依頼書をご記入ください。)

フリガナ / 振込票郵送名義 / 振込票郵送住所 市区郡 町村 丁目 番 号 団地 マンション アパート 棟 号室 TEL ( )

お客さま連絡先: お客さま氏名 (フリガナ) / ご住所 TEL

建設会社等連絡先: 会社等名 (フリガナ) / ご住所 TEL

電気工事店: (登録番号) ㊞ 号 / (業者登録番号) / (組合支部名) / (工事店名・TEL・〒)

記事欄

収入	種別	収入月日	No.	金額	扱者

	月	日	扱者
申込受付			

※太枠内をご記入下さい。 ※基準電力は低圧高負荷契約をご希望される方のみ記入をお願い致します。

02.3(伊坂)

図 8.16 電力電気使用申込書

　負荷設備記入欄の使用機器へは設置した電動機，電熱器，溶接機などの容量の大きいものから順に記入し，銘板の容量は各機器の出力〔kW〕を記入し，溶接機などでは最大基準容量〔kVA〕で記入する．台数は設置台数，コンデンサでは進相コンデンサを設置した場合のコンデンサ容量〔μF〕を記入する．

　進相コンデンサを設置する場合には，個々の負荷に対して設置することを原則とするが，やむを得ない場合には一部または全部の負荷に共用するコンデンサを取り付けることができる．この場合には最大容量の機器から順にコンデンサ容量を分割してそれぞれの機器に取り付けてあるものとして扱う．

　例えば，5.5 kW と 3.7 kW と 2.2 kW の電動機に対して 150 μF の進相用コンデンサを共用として取り付けた場合には，5.5 kW が最大容量の機器であり 100 μF のコンデンサ容量が適正となる．150 μF から 100 μF の容量を差し引くと 50 μF が残りのコンデンサ容量となるが，3.7 kW の電動機では 75 μF のコンデンサ容量が適正となるため適用できない．2.2 kW の電動機では 50 μF の容量が適正であるため残りのコンデンサ容量を適用できる．

　したがって，5.5 kW と 2.2 kW の電動機の力率は 90 ％，3.7 kW の電動機は力率 80 ％として扱われる．

　エアコンの場合では，銘板の記載がなく力率が不明の場合には力率 80 ％として換算し，容量に見合った進相用コンデンサを取り付けた場合には 90 ％で換算する．銘板に記載のあるものでは 85 ％を超えるものは 90 ％とし，85 ％未満のものは 80 ％，力率 85 ％のものは 85 ％として換算する．

　エアコンで冷暖房用の場合には，容量の大きいほうを契約電力の対象とする．また，銘板で定格消費電力が 7 kW 以下のエアコンは消費電力により契約容量を決定する．

　200 V 三相誘導電動機の電動機 1 台の場合の進相コンデンサの取付け容量を**表 8.9** に示す．

　コンデンサ容量は電気の周波数により異なるため，使用場所の周波数には注意する．新潟県の糸魚川と静岡県の富士川付近を境にして東側が 50 Hz，西側が 60 Hz に分かれる．東北電力管内は 50 Hz であるが一部に 60 Hz の地域と 50 Hz，60 Hz の混在地域が存在する．また，中部電力管内では 60 Hz であるが，50 Hz，60 Hz の混在地域が存在するため，特に注意する．

表 8.9 コンデンサの取付け容量（内規資料3-3-3より抜粋）

定格出力	馬力表示のもの	1/4	1/2	1	2	3	5	7.5	10	15	20	25	30	40	50	60	75
	kW表示のもの	0.2	0.4	0.75	1.5	2.2	3.7	5.5	7.5	11	15	18.5	22	30	37	/	55
取付容量〔μF〕	50 Hzの場合	15	20	30	40	50	75	100	150	200	250	300	400	500	600	750	900
	60 Hzの場合	10	15	20	30	40	50	75	100	150	200	250	300	400	500	600	750

〔備考1〕 北海道電力及び東京電力供給区域内での取付け容量は，「50 Hzの場合」の欄を適用すること．

〔備考2〕 中部電力，北陸電力，関西電力，中国電力，四国電力及び九州電力供給区域内での取付け容量は，「60 Hzの場合」の欄を適用すること．

〔備考3〕 東北電力供給区域内での取付け容量は，当該地域の周波数が，50 Hzでの供給をされている場合は，「50 Hzの場合」の欄を適用し，60 Hzで供給をされている場合は，「60 Hzの場合」の欄を適用すること．

　表8.5に示したように三相誘導電動機の入力換算は各三相誘導電動機の出力の125％とし，容量の大きいものから最初の2台については100％，次の2台については95％，5台目以上については90％とする台数圧縮を行い，小数点以下4桁まで計算して加算後に4桁目を四捨五入して契約容量を求める．入力機器容量および台数，圧縮機容量は本章の契約電力で述べたが，図5.15に示したエアコンの負荷設備記入欄への記入の一例を**表8.10**に示す．

　また，低圧電力の契約容量早見表を**表8.11**に示す．

表 8.10 エアコンの負荷設備記入例

	使用機器	相	銘板容量	台数	コンデンサ	入力換算台数圧縮後容量	既設
負荷設備	電　　熱	3	4 kW	1		4.000	
	コンプレッサ	〃	2.2 kW	1		切替	
	フ ァ ン	〃	65 W	1		0.08125	
	計			3		4.08125	

〔備考〕 ただし7 kW以下ならば消費電力を適用する．

表 **8.11**　低圧電力契約容量早見表（契約負荷設備を基準として算定する場合）
（契約負荷設備を基準として算定する場合）

設備容量〔kW〕	契約容量〔kW〕	設備容量〔kW〕	契約容量〔kW〕
0 ～ 0.500	0.5	28.625～29.874	26
0.501～ 1.499	1	29.875～31.124	27
1.500～ 2.499	2	31.125～32.374	28
2.500～ 3.499	3	32.375～33.624	29
3.500～ 4.499	4	33.625～34.874	30
4.500～ 5.499	5	34.875～36.124	31
5.500～ 6.555	6	36.125～37.374	32
6.556～ 7.666	7	37.375～38.624	33
7.667～ 8.777	8	38.625～39.874	34
8.778～ 9.888	9	39.875～41.124	35
9.889～10.999	10	41.125～42.374	36
11.000～12.111	11	42.375～43.624	37
12.112～13.222	12	43.625～44.874	38
13.223～14.333	13	44.875～46.124	39
14.334～15.444	14	46.125～47.374	40
15.445～16.555	15	47.375～48.624	41
16.556～17.666	16	48.625～49.874	42
17.667～18.777	17	49.875～51.285	43
18.778～19.888	18	51.286～52.714	44
19.889～21.124	19	51.715～54.142	45
21.125～22.374	20	54.143～55.571	46
22.375～23.624	21	55.572～56.999	47
23.625～24.874	22	57.000～58.428	48
24.875～26.124	23	58.429～59.857	49
26.125～27.374	24	59.858～61.285	50
27.375～28.624	25		

■ 8.2.4　共同住宅の場合の電灯申込み

　共同（集合）住宅の電灯申込用紙は**図 8.17** と**図 8.18** に示すように，連記式（1）と連記式（2）となる．連記式（1）は５枚綴りで記入するのは１枚目と５枚目の表と裏になる．

　電灯の申込用紙と同様に，施工電気工事店，建設会社，お客様の連絡先を記入する．また，施工場所と建物の名称およびお客様の氏名と連絡先の記入が必要になる．

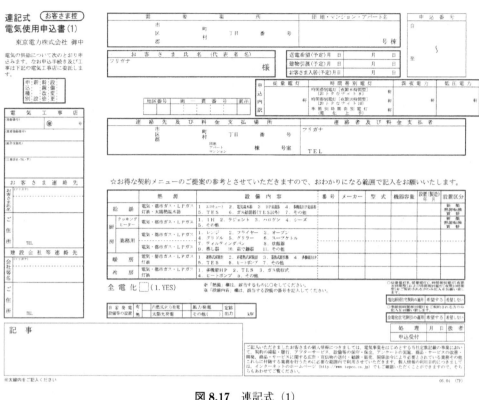

図 8.17 連記式 (1)

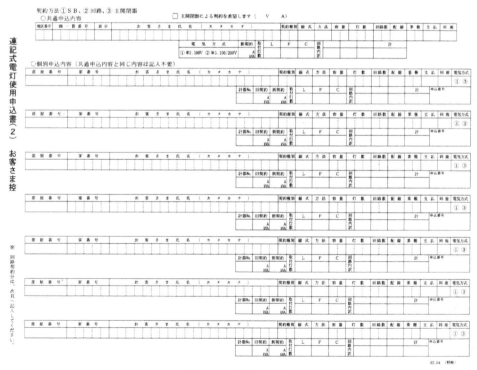

図 8.18 連記式 (2)

　電灯の申込用紙と異なるのは，申込み内容の記入欄が設けられており，この欄には申込みを行う建物には従量電灯の申込みが合計何軒あり，そのうち時間帯別電灯の申込みや深夜電力による温水器などの申込みがそれぞれ何軒あるのかを記入する欄が設けられている．

　また，低圧電力の申込みが何軒あるのかも記入欄に記入する．注意しなくてはならないことは，各部屋の申込みだけではなく，共同住宅の場合には，廊下，階段などの照明やエレベータ，揚水ポンプなどの共用の電灯や動力があり，共用もそれぞれ電灯で 1 軒，動力で 1 軒として申込みしなくてはならない．

　小規模なアパートや建物の間取りによって共用の電灯がない場合や，集合住宅の一部分がオーナー宅になっていて共用の電灯をオーナー宅の電灯から賄う場合などがあるが，将来の増設や変更なども含めて，十分に需要家と協議の上で決定する．原則として共同住宅の場合には，共用の電灯の需要設備（口座ともいう）を設けるほうがよい．

　連記式（1）の 5 枚目の表には引込線関係協議票の欄が設けられており，他の申込みと同様に引込柱や引込経路および電柱番号などを含めた付近図を記入する．

　連記式（1）の 5 枚目の裏には電灯などの申込用紙と異なり平面図記入欄が設けられている．この欄には平面図を記入するが，その際，施工証明書兼お客様電気設備図面用紙に記入した平面図（電気設備図）など部屋内の間取りや窓や扉などを詳細に記入する必要はないが，部屋と隣の部屋との区切りや階段および共用部分などをはっきりと記入し，各部屋には決定された部屋番号を明確に記入する．

　図 **8.19** に一例を示すように，平面図の記入に必要な事項は各部屋および共用の分電盤の位置，電気メータの位置，引込み接続点の位置などを各階ごとに記入する．

　書き切れない場合には別紙に記入し，切り貼りなどによって添付する．

　連記式（2）の申込用紙は 5 枚綴りになっていて記入するのは 1 枚目となる．連記式（2）の申込用紙 1 枚で 7 世帯分の内容を記入することができる．世帯数が多く 7 世帯分の記入欄では不足する場合には，申込用紙を複数枚使用して記入する．

　申込用紙の一番上に共通申込内容と記載された記入欄が設けられているが，この欄には以下の個別申込内容で共通する内容のみを記入する．

　この共通申込内容の欄に記入した場合には，以下の個別申込内容の欄には内容が異ならない限り記入の必要はない．

図 8.19　平面図記入例

　記入例を図 **8.20** に示す．お客様氏名欄にはお客様の名前をカタカナで記入する．共同住宅の建物の場合には新築工事で竣工時には，分譲や賃貸に関わらず建物の所有者の名前となることが多い．地区番号，画一貫番号や家番号は記入不要であり，契約種別欄も記入の必要はない．

　線式は単相2線式であれば2，単相3線式であれば3を記入し，方法は申込用紙の左上に契約方法①SB，②回路，③主開閉器と記載されている契約方法の番号を記入すればよい．容量はそれぞれの契約方法の契約容量を記入する．

　灯数はL，F，Cや負荷の容量に関わらず負荷の設備数の合計値を記入し，回路数は分電盤などの分岐回路数とする．配線は引込口線の電線の太さを断面積や直径をそのまま記入するのではなく，電灯の申込用紙の場合と同様に表8.8に示した表からそれぞれの電線の太さを選択して番号を記入する．

　業種，支払は記入不要であり，同廃は受電して電気料金が発生する前に廃止状態にして電気料金が掛からないようにする場合に○を記す．賃貸の場合などで借主が電力会社に電話して再点灯を申し込むことで簡単に再点灯することができる．

　電気方式は①および②のどちらかに○を記せばよい．

　表の二段目の取付灯数の欄は，L，FL，C別の負荷設備数を記入する．このL，F，C別の取付灯数の合計が，表一段目で記入した灯数になる．

　回路内訳の欄は分岐回路数とその分岐回路の種類を記入すればよい．

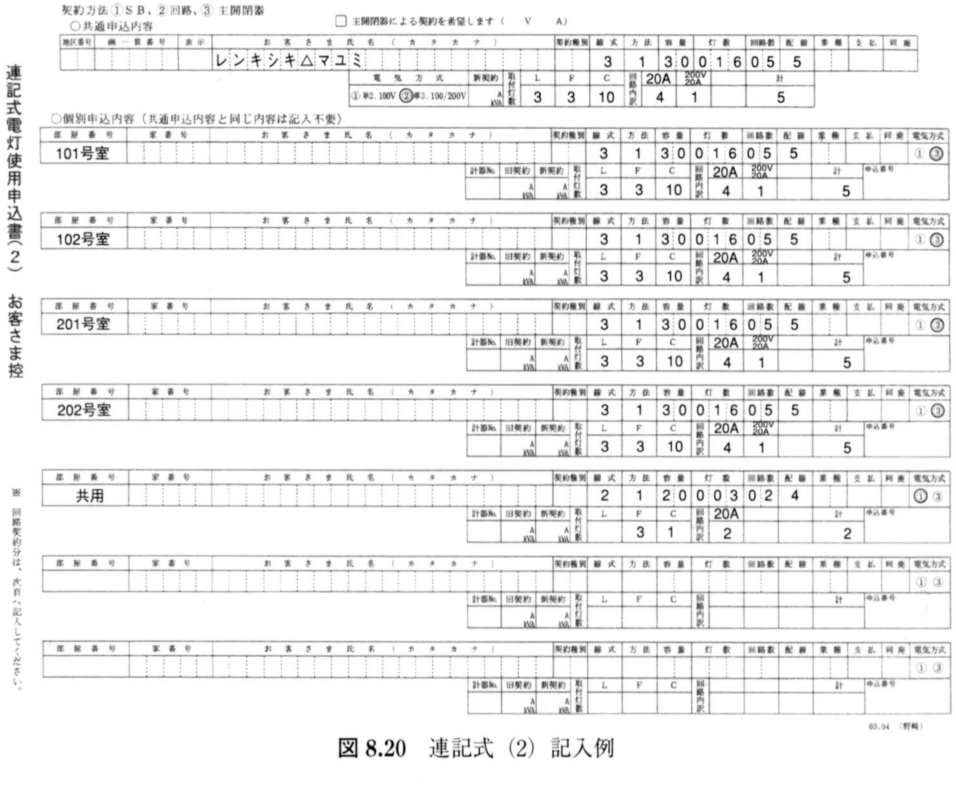

図 8.20 連記式 (2) 記入例

■ 8.2.5　時間帯別および季節別時間帯別の申込み

時間帯別および季節時間帯別電灯の申込用紙を**図 8.21** に示す.

電灯の申込みであるため基本的に記入する内容は電灯の申込みの場合と同様であるが，電気温水器，床暖房，IH クッキングヒータなどの型番や容量などを明確にするほかに申込時にはカタログで参照できるように申込時に持参するとよい.

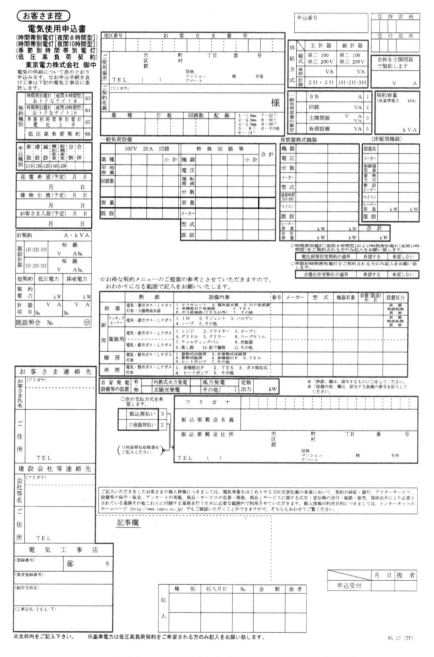

図 8.21　時間帯別および季節別時間帯別申込用紙

■ 8.2.6　電力会社の新しい料金プラン

2016 年 4 月より電力の自由化やスマートメータによる計量に伴って新しい料金プランが開始される．前述した料金プランの一部である深夜電力や記述にはないが電化上手，おトクなナイト 8/10 などは 2016 年 3 月 31 日をもって新規加入の受付が中止されたが，この時点で契約および申し込み分は契約更改されるまで継続される．

従来通り継続される料金プランは，定額電灯，従量電灯，臨時電灯，公衆街路灯，低圧電力，臨時電力，農事用電力である．

新しい料金プランはスタンダードプラン S/L/X，プレミアムプラン，スマートライフプラン，夜トクプラン 8/12，動力プランなどがあり詳細については東京電力エナジーパートナー株式会社のホームページを参照いただきたい．

自由化により居住する地域を問わずに契約が可能であり，北海道居住の方が東京電力エナジーパートナー株式会社や関西電力株式会社から電気を購入することができる．

8.3　電力会社への申込み手順

電力会社への申し込みは 2020 年 4 月からすべての申し込みがインターネットによる申し込みに変更され，従来の窓口申し込み，および FAX による申し込みはおこなわれていない．

インターネットによる申し込みを利用するためには電力会社からユーザ ID および初期パスワードを取得しなくてはならないが，法人および個人に関わらず電気工事業者として登録しておく必要がある．

電力会社は小売電気事業者と一般送配電事業者に分割されて東京電力管内では東京電力エナジーパートナー株式会社（以下，東電 EP とする）と東京電力パワーグリッド株式会社（以下，東電 PG とする）となっている．利用に際しては両方のユーザ ID および初期パスワードが必要となる．

東電 EP のホームページまたは "でんき工事コーナー低圧" と検索し利用申請書をダウンロードして，必要事項を記入してメールにて申し込みすると，メールにてユーザ ID および初期パスワードが送付される．

同様にして東電 PG ホームページより "電気工事店さま" をクリックして "お申込みシステム" の項目から Web 申込システムを選択してクリックすると初めて利用する方の項目が表示される．内容の指示に従ってユーザ ID と初期パスワードを取得すればよい．電気工事店登録届出書を図 8.22 に示す．

電気工事店登録届出書

東京電力パワーグリッド株式会社　　　　　　　　　　　　　　　年　　月　　日

　　　　　　　　　　　　　　支社
　　　　　　　　　　　　　　事務所　　　　御中

登録番号			登録年月			年		月	業法登録番号	
業法登録番号					有効期限			年		月

工事店名	（フリガナ）	代表者名	（フリガナ）

住所	都　　　　市 　　区　　　町　　　丁目　　　番　　　号 県　　　郡

電話番号		FAX番号		携帯番号	
労 災 保 険 加 入		有　　　無	業務委託関係	異 動 作 業	年　　月
従 業 員 数		名		サービス店	年　　月
資格内訳	主 任 技 術 者	名		外線不点処理	年　　月
	第一種電気工事士	名		内線不点処理	年　　月
	第二種電気工事士	名		非 常 災 害	年　　月
加入組合名			当社支社受持地域内での開業年月		年　　月
備考					

図 8.22 電気工事店登録届書

　東電 EP のホームページの"でんき工事コーナー"の"電気工事のお申込み"への"ログイン画面へ"をクリックして進むと東電 EP のユーザ ID と初期パスワード入力用ダイアログボックスが表示されるので入力してログインをクリックする．ログイン画面を**図8.23**に，ID およびパスワード入力画面を**図8.24**に示す．初回にログインするとパスワード変更画面が表示されるので自身でパスワードを決定して入力して変更する．申込メニューにおいてパスワード変更は可能であるので定期的に変更する方がよい．申し込みメニュー画面を**図**

8.25 に示す．次に申込メニューのダイアログボックスが表示されるので "ユーザ情報変更"
のボタンをクリックして表示される内容に誤りがないかを確認し，電力会社からのメールを
受け取るアドレスを入力して確認したら変更を実行して初回登録を完了する．電気工事会社
の情報変更の場合にはこのページで変更する．

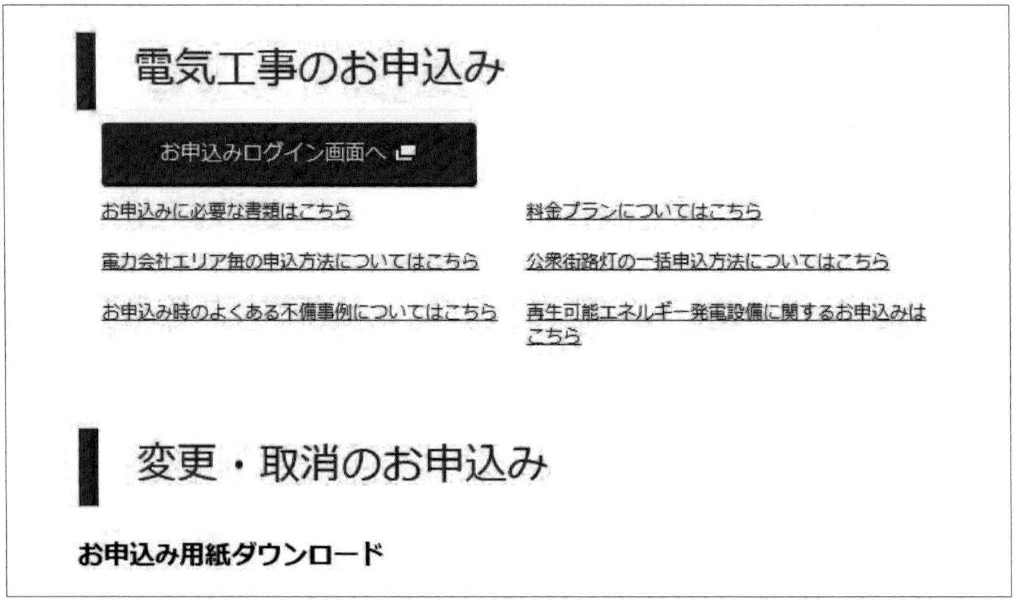

図 8.23　電気工事のお申込み画面 ①

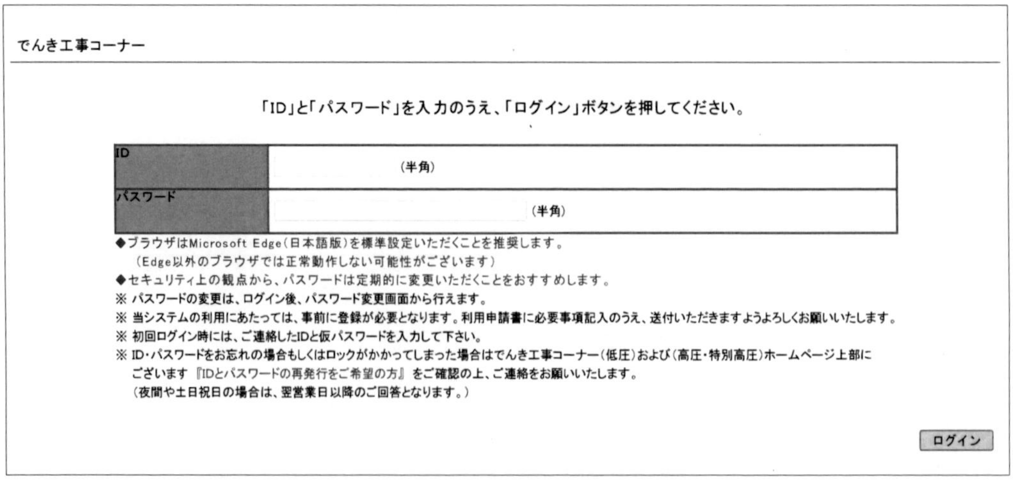

図 8.24　電気工事のお申込み画面 ②

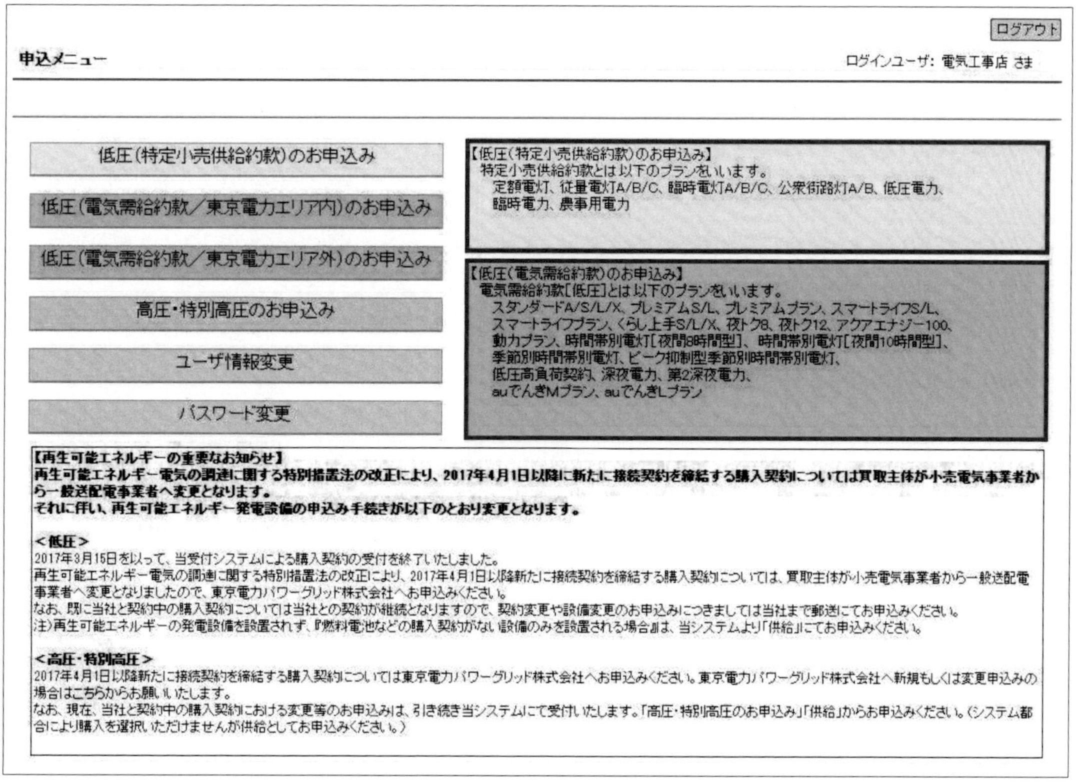

図 8.25　電気工事のお申込み画面 ③

　契約情報登録のために東電 EP の申込みメニュー画面から低圧，高圧にかかわらず申し込みをすることになるが，この時点でどのような契約を選択するかを決定しておく必要がある．

　自由化以前の料金プラン，自由化以後の東京電力エリアの料金プラン，および自由化以降の東京電力エリア以外の料金プランの申込みのいずれから，新設および増設の登録画面に入る．

　(1) 既設情報は増減設および変更の場合において，すでに設備が存在し料金が徴収されている場合にはお客様番号や現在の契約が領収書などに記載されているのであらかじめ情報を得ておく必要がある．この際にはメータ番号も必要になる．詳細が必要な場合はホームページに "既設照会のお申込み" の欄があり既設照会申込書が用意されているので記入し登録してあるメールアドレスにて送付すればよい．新設の場合には不要である．既設照会の画面を図 8.26 に示す．

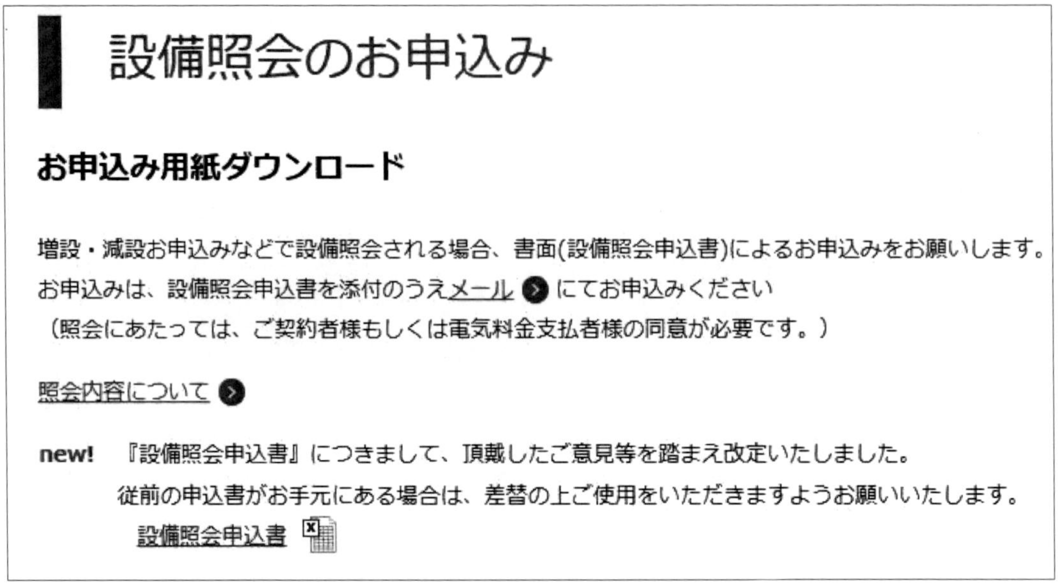

設備照会のお申込み

お申込み用紙ダウンロード

増設・減設お申込みなどで設備照会される場合、書面(設備照会申込書)によるお申込みをお願いします。お申込みは、設備照会申込書を添付のうえ<u>メール</u> ❭ にてお申込みください

(照会にあたっては、ご契約者様もしくは電気料金支払者様の同意が必要です。)

<u>照会内容について</u> ❭

new!　『設備照会申込書』につきまして、頂戴したご意見等を踏まえ改定いたしました。
　　　　従前の申込書がお手元にある場合は、差替の上ご使用をいただきますようお願いいたします。
　　　　<u>設備照会申込書</u> 🗎

図 8.26　電気工事のお申込み画面 ④

（2）契約情報は契約者の名義，住所，電話番号，請求書の郵送先および契約方法が必要になる．他には契約開始日（送電希望日）や設備の電灯数およびコンセント数の総数，15A，20A，30A などのブレーカ数も必要になる．

（3）電気工事店情報は工事店名，住所，電話番号，工事現場担当者名，担当者への連絡先（携帯電話など），東電 EP の契約情報登録において東電 PG への登録申請により取得したユーザ ID の入力が必要になるので併せて用意する．

（4）電気設備図は間取りと用途，分電盤の位置，コンセントや電灯などの電気設備と回路分け，電力量計の位置，幹線や太さ，受電点が記載されたもの．

（5）分電盤図は分電盤の内容を表したもので主開閉器と容量，分岐開閉器（ブレーカ）の電圧と分岐数，SB の有無，幹線とその心線数および電圧が記載されたもの．

（6）幹線系統図は二世帯住宅，アパートやマンションなどの需給場所が複数ある場合などは必要になる．分電盤図も基本的に複数個所分必要になる．契約口座（受給世帯数）が 1 か所の場合には幹線系統図は不要であるが，幹線図は必要であるので分電盤図に併せて幹線を記載するとよい．

（7）付近図は受電場所や周辺の道路，隣家，引き込みたい電柱の配置やその電柱番号，引き込みたい電柱の両側の電柱位置と電柱番号，引き込みたい電柱から受電点までの引込方式と距離が記載されたもの．

　電気設備図，分電盤図，幹線系統図および付近図はホームページであらかじめ記入用の書式をダウンロードして記入しておく．施工証明書兼お客様電気設備図や従来の窓口用の申

込用紙などに記載してもよいが，登録画面の最後で必要書類をアップロードする必要があるため，あらかじめコピー機，複合機およびスキャナーなどで画像を取り込むか，PDF ファイルへの変換ソフトなど利用して PDF ファイルに変換しておくとよい．ファイル形式は JPEG，PNG，BMP，GIF などの画像ファイル形式や CAD ソフトの JWW，DWG など，または WORD の DOC，EXCEL の XLSX など，さまざまな形式に対応している．

ファイルの参照ボタンをクリックしてパソコン内に保存しておいたファイルを一つずつ登録して，必要なファイルをすべて指定したらアップロードのボタンをクリックしてアップロードする．

次に進むと契約方法により負荷容量などの内容を記載する欄があるが，申し込みの契約方法と異なる入力欄には記入する必要はない．

記入欄への入力に誤りがある場合には登録画面での修正を要求されて登録が完了できない．情報に誤りがある場合には，登録を修正するようにメールで連絡がある．
東電 EP での契約情報登録が完了すると東電 PG へ託送申し込みの連絡が入り東電 PG より仮の申込番号が発番される．電気工事業者に仮の申込番号で設備情報登録を行うようにメールにより連絡が入る．

メールに記載されている東電 PG のログインページへ入り，ログインするとユーザ ID と初期パスワードを求められる．入力して申込画面に入り仮の申込番号を入力する欄に番号を入力して申込受付ボタンをクリックして設備情報登録の画面に入る．

東電 EP で契約情報登録をおこない東電 PG の設備情報登録においても同様な内容を入力する部分もあるが，付近図の電柱と電柱番号，距離，分電盤の取り付け状況や積算電力量計の位置や取り付け状況などの引込線工事に必要となる詳細な情報も具体的に入力することになる．ここでの入力が正確でない場合には工事を中止されることがあることに同意し，入力に不備がなければ設備情報の登録を完了する．

東電 PG からのメールによる連絡により受電等の工事の日程および検査日が確定する．
先に示した**図 8.4** のフローチャートで申請書による申込と記載し円で囲った部分は電力会社が小売電気事業者と一般送配電事業者に分割されたことにより**図 8.27** に示すように 2 段階の申し込みとなる．

引込線工事の 1 〜 2 営業日後に電気事業者（電気保安協会など）の検査を受けて，図面通りの電気設備であるのか，絶縁抵抗は良好であるのか，接地抵抗は良好であるのかなどを検査して初めて開閉器のスイッチを入れて電気を使用することができる．これを送電確実日（送確日）といい，この日から契約が開始されて，電気料金が発生する．

東電 EP へ契約情報登録をおこなってから送電確実日までは，従来の電力会社への申し込みから送電確実日までの経過は，会社が分割されたことにより 6 営業日から 12 営業日ほど余計に掛かる．電気料金や工事費を振り込む必要がある場合には，振り込みの確認を受けるまで 2 営業日から 3 営業日余計に掛かることを考慮する．

東電 EP "でんき工事コーナー" と東電 PG "Web 申込システム" からのそれぞれのユーザー登録をおこなう際にはホームページに申請手順などが用意されているのでそちらを参照するとよい.

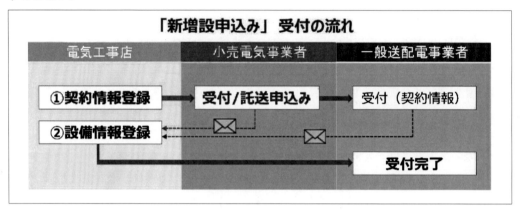

図 8.27 「新増設申込み」受付の流れ

8.4　他の電気事業者への申込み

　2016 年 4 月 1 日からの電気事業法の一部改正によって電力の小売り全面自由化となり様々な企業が参入している. 2017 年 4 月よりガスの自由化も伴って様々な小売電気事業者による料金形態のサービスが出現している.

　いずれの小売電気事業者も一般送配電事業者に託送の申し込みをしなくては電気が配電線から供給されることはない.

　これらの小売電気事業者との供給契約申し込みは, 小売電気事業者のホームページからインターネットでアクセスしてインターネット上で指定の入力欄へ入力してアップロードする場合や小売電気事業者の指定の用紙(インターネットによりダウンロードした申込用紙など)に記入しメールや FAX により送付, あるいは用紙を郵送するなど申し込みの手順はそれぞれの会社によって異なっている.

　あらかじめ小売電気事業者のホームページで申し込み手順を確認するなど, 電話, メールなどにより問い合わせをおこない, 契約内容など理解し, 指示通りに申し込みをおこなえばよい.

　申し込みに際しては, 電気設備図面 (内線図面), 供給を受ける電柱を中心とした付近図 (電気の需要場所), 分電盤図, 幹線系統図 (二世帯住宅を含む集合住宅の場合), および電気使用者の名前 (名義), 電気料金の支払い場所 (電気の需要場所と異なる場合), 電気使用者の連絡先 (電話番号など) が必要になる. 申し込みの必要事項は小売電気事業者が異なっていても共通である.

　インターネットでの記入例を**図 8.28** に, 委任状の用紙例を**図 8.29** に示す.

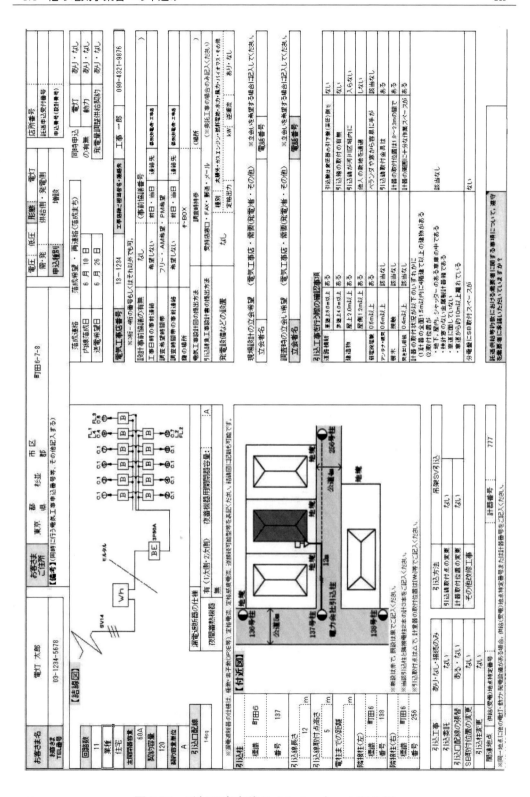

図 8.28 電気工事申請のインターネット記入例

電気工事申込書 兼 委任状

私は、下記の同意事項に同意し、以下のとおり、下記電気工事店に依頼して電気設備の工事を実施します。
工事に伴う東京ガス㈱との電気需給契約上の諸手続きは下記電気工事店に委任します。

委任者（申込者）	太枠内にご記入又は、当てはまる項目に〇をお願いいたします。		
お客さま番号 （4桁-3桁-4桁）	－ －		
ご契約者名	（フリガナ）		
ご使用場所住所	（〒 － ）		
電話番号	自宅 － －	携帯	－ －
工事費負担金が 発生した場合の 請求書送付先	□申込者と同じ　　　　□その他（以下の欄にご記入ください） （〒 － ） 郵送物が届くよう、建物名や住居名等もご記入ください。　　　　電話（ － － ） 契約変更に伴う場合はご記入ください。		
（変更前） 現在の電気 料金メニュー名	ずっとも電気1S（従量電灯B相当）（ ）A ずっとも電気1（従量電灯B相当）（ ）A ずっとも電気2（従量電灯C相当）（ ）kVA ずっとも電気3（低圧電力相当）（ ）kW	（変更後） ご希望の電気 料金メニュー名	ずっとも電気1S（ ）A ずっとも電気1（ ）A ずっとも電気2（ ）kVA ずっとも電気3（ ）kW
特記事項	変更内容について確認させていただくことがあります。		

工事申込種別	□新設　　□契約変更　　□設備変更　　□その他（ ）

受任者（電気工事店）	太枠内にご記入をお願いいたします。		
工事店名・担当者名 （工事店番号）	（フリガナ） （工事店番号 － ）　担当者名（ ） ※工事店番号がない場合は「登録電気工事業者登録証」の写しを添付してください。		
ご住所	（〒 － ）		
メールアドレス	＠		
日中連絡の 取れる電話番号	固定 － －	携帯	－ －

＜同意事項＞
・ 電気工事に伴い、工事費負担金が発生することがあります。東京ガス（株）（以下「当社」といいます。）が送配電事業者からお客さまにかかる
　工事費負担金の支払いを求められた場合には、当社の電気需給約款にもとづき、お客さまにその費用を負担していただきます。
　なお、当該費用は、託送供給等約款の定めに則り送配電事業者が計算するものとし、原則として工事着手前にお支払いいただきます。
・ お客さまは、やむを得ない場合を除き、契約電力等を新たに設定もしくは変更した後の計量日から1年目の日が属する月の計量日まで、
　契約電力等を変更することはできません。
・ 当該工事に伴いお客さまと電気工事店との間に紛争が生じた場合には、それが当社の責めに帰すべき事由による場合を除き、当社は関与しません。
・ お客さまからいただいた個人情報は、当該電気工事に伴う手続きのためのみに利用し、当社の規定に則り適切に取り扱わせていただきます。

お申し込みから実際の工事手配に至るまでに一定の期間が必要となりますので、早めのお申し込みをお願いいたします。

図8.29　電気工事申込書 兼 委任状

付　録
各電力会社の電気使用申込用紙（電灯）

　電気設備を新規に設備する場合や電気設備の増設または減設等により設備の内容が変わった場合には，電力会社の電気使用申込書に必要事項を記入して手続きを行わなければならない．

　本書の第8章で述べた申請書の書き方については，東京電力株式会社サービスエリア内において電気の供給を受けるために電力会社に提出すべき臨時電灯，電力，電灯等のすべての申請書の書き方について述べてある．

　日本国内には電力を供給する電力会社が10社あり，それぞれの電力会社で電気使用申込書の書式が異なっている．しかし，申込書に記入すべき事項の内容については各電力会社間で大きく異なってはいない．したがって，第8章で示した東京電力株式会社サービスエリア内において提出する申請書の書き方やその内容について理解することにより，他の各電力会社に提出すべき申請書に記入する内容について問題は生じないと思う．

　第8章で述べた東京電力株式会社サービスエリア内における申込書の書き方については臨時電灯，電力，電灯などすべての事項について述べているが，東京電力株式会社以外の9電力会社の申込書については，一般家庭用の電気使用申込用紙（電灯）を選び，付表として示したので参考にして頂きたい．

付表1　東京電力の電灯申込用紙記入例

お客さま控

電気使用申込書(電灯)

東京電力株式会社　御中

電気の供給について次のとおり申込みます。なおお申込手続き及び工事は下記の電気工事店に委託します。

供 給 方 式	受 持 店 所
単二100V ○　単三	受 付 店 所
単二200V　　三相200V	

お客さま番号

新
旧

ご使用場所：練馬 市区郡　弥生 町村　1 丁目　2 番　3 号　団地 マンション アパート　棟　号室

TEL　（　　）

ご契約名義（フリガナ）デントウ　タロウ

電灯　太郎　様

業種	灯数	回路数	配線	
	0 4	9 1	2 6	1…1.6mm 2…2.0mm 3…2.6mm 4…5 5…8 6…14　7…22 8…30 9…38 0…その他

次の契約方式を希望します。

S B	1	
回　路	2	主開閉器容量
○ 主開閉器	3	3 0 A
負荷設備	5	

2 計器数内訳	主計器	副計器
	kVA	kVA

契約種別：従量A 11　従量B 12　従量C (13)　低圧高負荷 68

申込種別：新設 (11) 1120　増設 1120　減設 1120　分割 1130　合併 1140　種別変更 1150　設備変更 1150

送 電 希 望(予定)　月　日
5 月　25 日
建物引渡(予定)　月　日
6 月　5 日
お客さま入居(予定)　月　日
6 月　10 日

契約容量（※基準電力）kVA　6 (kVA) A

旧 契 約	A / kVA
契約方法	SB・主開・回路
旧供給方式	相　線　V
既設計器	V　A　No.
他契約	低圧電力　深夜電力
契約電力	kW　kW
計器項目	No.　V　A　No.　V　A

既設照合 No.

臨時契約申込番号	
新設同時撤去	希望する・希望しない

☆お得な契約メニューのご提案の参考とさせていただきますので、おわかりになる範囲で記入をお願いいたします。

	熱源	番号	設備内容	番号	メーカー	型式	機器容量	設置年月	設置区分
給湯			1.エコキュート　2.電気温水器　3.HP給湯器 4.多機能HP給湯器　(7).TES 5.ガス給湯器(TES以外)　6.その他						新築 熱源転換 買替
厨房	クッキングヒーター	1.電気	1.IH　2.ラジェント　3.ハロゲン 4.シーズ　5.その他						新築 熱源転換 買替
		2.都市ガス							
	業務用	3.LPガス	1.レンジ　2.フライヤー　3.オーブン 4.グリドル　5.グリラー　6.スープケトル 7.ティルティングパン　8.炊飯器 9.蒸し器　10.茹で麺器　11.その他						
		4.灯油							
暖房		5.太陽熱温水器	1.蓄熱式床暖房　2.非蓄熱式床暖房 3.蓄熱式暖房　4.多機能HP　5.TES 6.ヒートポンプ　7.その他						
冷房			1.多機能HP　2.TES　3.ガス吸収式 4.ヒートポンプ　5.その他						

※「熱源」「設備内容」欄は、該当する番号を記入してください。

自家発電設備等の設置	有 (無)	内燃式火力発電　風力発電 太陽光発電　その他（　）	定格出力　kW

○次の支払方式を希望します。

○振込票払い 3
口座振替払い 2

口座振替払込依頼書をご記入ください。

フリガナ	デントウ　タロウ
振込票郵送名義	電灯　太郎
振込票郵送住所	練馬 市区郡　弥生 町村　1 丁目　2 番　3 号　団地 マンション アパート　棟　号室
TEL（　　）	

○従量電灯Bおよび従量電灯Cをご契約される方のみ記入をお願い致します。

電化厨房住宅契約の適用	希望する　希望(し)ない

お客さま連絡先

お客さま氏名	(フリガナ) デントウ　タロウ
	電灯　太郎
ご住所	練馬区弥生町1-1-1
	TEL 03〔3002〕9876

建設会社等連絡先

会社等名	(フリガナ) △▲▼ケンセツ (カブ)
	△▲▼建設（株）
ご住所	新宿区千駄ヶ谷 1-2-3
	TEL 03〔3003〕1234

ご記入いただきましたお客さまの個人情報につきましては、電気事業をはじめとする当社定款記載の事業において、契約の締結・履行、アフターサービス、設備等の保守・保全、アンケートの実施、商品・サービスの改善・開発、商品・サービスに関連する広告・宣伝物の送付・勧誘・販売、関係法令により必要とされている業務その他これらに付随する業務を行うために必要な範囲内で利用させていただきます。個人情報の利用目的につきましては、インターネットのホームページ（http://www.tepco.co.jp）でもご確認いただくことができますので、そちらもあわせてご覧ください。

電気工事店

(登録番号)	杉-000 (登) 号
(業者登録番号)	都登00000
(組合支部名)	中野
(工事店名・TEL・〒)	△△○電機（株） 中野区豊島1-1-2

担当者（　　　）

記事欄

収入	種別	収入月日	No.	金額	扱者

	月　日	扱者
申込受付		
内落日		
自主検査予定日(施工証明書)		
送確日		

※太枠内をご記入下さい。　　※基準電力は低圧高負荷契約をご希望される方のみ記入をお願い致します。

07.08（KM）

付表2　北海道電力の電灯申込用紙記入例

従量制電灯電気使用申込書（お客さま控）

拝啓　平素は弊社事業に格別のお引き立てを賜り、厚くお礼申し上げます。

さて、この度お客さまの電気ご使用につきまして、本申込書記載の工事会社様よりお申し込みをいただき、上記内容にてご契約させていただきましたことをお知らせいたします。

また、詳細につきましては「ご契約内容のお知らせ」を同封させていただきますので、併せてご確認いただきますようお願いいたします。

敬具

ご提供いただいた個人情報は、電気事業の範囲内で利用いたします。

北海道電力株式会社　営第2号様式

FEAA002D

付表 3-1　東北電力の電灯申込用紙記入例その 1

○電気使用申込書【1/4】

I O I O

修正または取消申込みの場合は、□へチェックし、受付番号をご記入ください。
□修正　□取消　受付番号 [　　　　]

東北電力株式会社　御中
電気の使用について貴社電気供給約款を承認のうえ、下記の電気工事会社を代理人として申込みます。

供給営業所		事前協議番号	－			会社名		△△電気工事（株）		
契約名義	（フリガナ）	☆★◎　マユミ			申込工事会社	コード		－		
		☆★◎　マユミ				住所	〒 222-4444　弘前市弥生町2-2-2			
使用場所	〒 111-0000　青森市弥生町1-1-1					電話	022　－　44　－　1111			
						FAX	－			
電話	022　－　22　－　3333					担当者	－			
お客さま番号	回数　営業所　市町村　町字　街区　住居　枝　副					携帯	－			

お客さま連絡先	氏名	（フリガナ）　☆★◎　マユミ	住所	〒 111-0000
		☆★◎　マユミ		青森市弥生町1-1-1
	電話	022　－　22　－　3333		

申込内容1

使用開始希望日　20 年　5 月　25 日　　申込種別　（新設）・A変・容変・種変・機種変・位置変

契約種別	新	従量電灯 A B Ⓒ	定額電灯	公衆街路灯 A B	時間帯別電灯 A B S	低圧電力	電圧季節別	農事用電力 A B	深夜電力 A B C	融雪用電力 A AⅡ B BⅡ	低圧高負荷	臨時電灯 A B C	臨時電力 定額 従量	その他（　　　）
	現	（　　　　　　）												

契約容量・電力	新	VA・(kVA) A・kW	供給方式・電圧	新	単相2線式100V　・　単相2線式200V　・　（単相3線式100V/200V）　・　三相3線式200V
	現	VA・kVA A・kW		現	単相2線式100V　・　単相2線式200V　・　単相3線式100V/200V　・　三相3線式200V

申込内容2

使用開始希望日　　年　　月　　日　　申込種別　新設・A変・容変・種変・機種変・位置変

契約種別	新	従量電灯 A B C	定額電灯	公衆街路灯 A B	時間帯別電灯 A B S	低圧電力	電圧季節別	農事用電力 A B	深夜電力 A B C	融雪用電力 A AⅡ B BⅡ	低圧高負荷	臨時電灯 A B C	臨時電力 定額 従量	その他（　　　）
	現	（　　　　　　）												

契約容量・電力	新	VA・kVA A・kW	供給方式・電圧	新	単相2線式100V　・　単相2線式200V　・　単相3線式100V/200V　・　三相3線式200V
	現	VA・kVA A・kW		現	単相2線式100V　・　単相2線式200V　・　単相3線式100V/200V　・　三相3線式200V

○電気料金お支払い方法　　新設申込みの場合、選択するお支払い方法の番号を丸囲みのうえ、各々の右欄をご記入ください。

1	現在の自動振替口座からの継続	①・②の場合にご記入ください。	現在の契約	氏名		電話　－　－ 〒
2	現在のクレジットカードからの継続			住所	□ 使用場所と同じ　□ お客さま連絡先と同じ　□ その他（右欄へご記入ください。）	
			お客さま番号	回数　営業所　市町村　町字　街区　住居　枝　副		
3	自動振替口座の新規申込	③・④の場合にご記入ください。	手続完了払込書の発行	氏名	（フリガナ）	電話　－　－ 〒
4	クレジットカードの新規申込			住所	□ 使用場所と同じ　□ お客さま連絡先と同じ　□ その他（右欄へご記入ください。）	

※③、④の場合、手続が完了するまでの間は払込票によるお支払いになります。

5	払込票（コンビニエンスストア・郵便局への振込）	⑤・⑥・⑦の場合にご記入ください。	送付先	氏名	（フリガナ）　☆★◎　マユミ	電話　－　－ 〒
6	請求書（金融機関への振込）				☆★◎　マユミ	
				住所	☑ 使用場所と同じ　□ お客さま連絡先と同じ　□ その他（右欄へご記入ください。）	
7	お客さまコードによる支払い	⑦の場合に	コード		（コードは⑦の場合のみご記入ください。）	
8	前払い（前払金・予納金）	※臨時電灯・臨時電力の申込みで、前払いを希望される場合に選択してください。なお、協議によりご変更をさせていただく場合がございます。				

【通信欄】※ご連絡事項等がございましたらご記入ください。

< 東北電力からのお知らせ > ・弊社配電柱へ公衆街路灯を取付される場合は、本書が弊社配電柱への「公衆街路灯取付申込書」を兼ねます。
・弊社はお客さまの電気工作物が技術基準に適合しているかどうかを調査し、その調査結果をお知らせいたします。また、お申込みいただいたご契約内容については、原則として建物内に配付しお知らせいたします。
・太陽光発電設備を設置し、弊社電力系統への逆潮および余剰電力の受電を希望される場合は、別途申込書および関係書類を上記の「供給営業所」へご提供ください。
（個人情報について）
・弊社はお預かりした個人情報を、弊社が行なう電気事業、ガス事業およびこれらに付帯関連する事業の適切な遂行のために必要な範囲で利用いたします。

付表 3-2　東北電力の電灯申込用紙記入例その 2

○負荷設備①（従量電灯・公衆街路灯B）【2/4】

2010

契約名義	約義	☆★◎　マユミ		申込工事会社	△△電気工事（株）			

契約詳細

主たる業種・使用用途：事務所 ・ 商店 ・ 旅館/飲食店 ・ 娯楽施設 ・ 理容/クリーニング ・ 公共事業 ・ (住宅) ・ 公衆街路灯 ・ その他（　　　　※その他を選択された場合は、業種・使用用途の内容をご記入ください　　　　）

一般回路数	6	専用回路数	6	予備回路数	0

上記以外の業種：事務所 ・ 商店 ・ 旅館/飲食店 ・ 娯楽施設 ・ 理容/クリーニング ・ 公共事業 ・ 住宅 ・ その他（　　　　※その他を選択された場合は、業種・使用用途の内容をご記入ください　　　　）

一般回路数		専用回路数		予備回路数	

主開閉器：電力SB ・ お客さま主開閉器（容量：　　　6kV A, 型式：　　　　）

漏電遮断器容量	30 A	引込開閉器容量	30 A	IHクッキングヒーター	有 ・ (無)	※従量電灯B・Cの場合選択してください。	太陽光発電連系	有 ・ (無)

契約負荷設備内訳（※専用回路設置の負荷設備についてはもれなくご記入ください。）

機器名	※機器により選択してください。	電圧	容量	台数	季節別使用区分 ※従量電灯Cの場合は必ずご記入ください。	備考
	出力・入力 高力・低力	100V・200V	W・VA		通年・夏季・冬季	
	出力・入力 高力・低力	100V・200V	W・VA		通年・夏季・冬季	
	出力・入力 高力・低力	100V・200V	W・VA		通年・夏季・冬季	
	出力・入力 高力・低力	100V・200V	W・VA		通年・夏季・冬季	
	出力・入力 高力・低力	100V・200V	W・VA		通年・夏季・冬季	
	出力・入力 高力・低力	100V・200V	W・VA		通年・夏季・冬季	
	出力・入力 高力・低力	100V・200V	W・VA		通年・夏季・冬季	
	出力・入力 高力・低力	100V・200V	W・VA		通年・夏季・冬季	
	出力・入力 高力・低力	100V・200V	W・VA		通年・夏季・冬季	
	出力・入力 高力・低力	100V・200V	W・VA		通年・夏季・冬季	
	出力・入力 高力・低力	100V・200V	W・VA		通年・夏季・冬季	
	出力・入力 高力・低力	100V・200V	W・VA		通年・夏季・冬季	

【通信欄】上記内容の補足事項がございましたらご記入ください。

付表4　北陸電力の電灯申込用紙記入例

電気使用申込書 　　　　　　　　　　　　　　　　　　　　　　　　　お客さま控え

北陸電力株式会社　宛　　　　　　　　　　　　　　お申込日（平成　　年　　月　　日）

電気の使用について貴社の電気供給約款（選択約款）を承認のうえ，次のとおり申込みます。

○ご契約お客さま

ご契約名義	(フリガナ)　☆★◎　　マユミ
	☆★◎　　マユミ
ご使用場所	〒　930 - 8686　金沢市弥生町1-1-1
	TEL（　0000　）　　00 - 0000

お支払者名義・住所（ご使用場所と異なる場合）

氏名	
住所	〒　　－
	TEL（　　　）　　－

お支払い方法	☑口座振替　　□クレジットカード　　□振込（請求書）
	※　現在ご利用中の口座または取りまとめ請求をご希望される場合
	ご契約のお客さま番号　　　　－　　　－
	取りまとめ請求番号

作業停電時の案内先	ご使用場所に同じ　　お支払住所に同じ　　その他（　　　　）
お客さま情報	現住所　　　　　　　　連絡先
	（　　　）　　－

○使用期間（農事用電力A・B　ホワイトプラン電力Ⅰ・Ⅱ・Ⅲの場合）

当初	/　～　/	変更	/　～　/

○契約負荷設備情報

新既	機器名	容量	個数	力率コンデンサ
		入出		
		入出		
		入出		
		入出		
		入出		
		入出		
		入出		

○電気工事施工者情報

・経済産業大臣　　　・電気工事施工者名　　　　　　　　施工者コード

　㊑届出　第000号　　△△電気工事（株）　　担当者

・TEL（　0000　）　00 - 0009
・携帯（
・FAX（

○お申込内容

新設　　容量変更
廃止　　種別変更

○送停電ご希望日（西暦）

年　　　月　　　日

○お申込契約種別

電灯契約	従量電量A・B・Ⓒ　　　高負荷率電灯
電力契約	低圧電力　低圧電力Ⅱ　低圧季節別時間帯別電力
	農事用電力A・B　　ホワイトプラン電力Ⅰ・Ⅱ・Ⅲ

○業種　　　○用途　　　○供給電気方式

住宅		①単二100W　④単三100/200W
		②単二200W　⑤三相200V

○ご契約電流・容量・電力

旧　A・VA kVA kW	□北陸電力ブレーカーによる（電灯のみ）	ブレーカー容量
新　6 kVA kW	☑お客さまブレーカーによる	（　30　）A
	□契約負荷設備による	

○内線情報

回路数	200V回路（再掲）	漏電ブレーカー	自家発設備がある場合	
12	1	有・無	主任技術者名	TEL

○引込情報

引込柱No.（　弥生　0001	引込工事	引込形態
	有・無	単独・連接　要調査 臨時常時同時
既設引込線サイズ	既設計器No.	同一宅
引込口配線 CV⑭・Ⅳ mm²/m²	受点高さ　引込柱に受電容量変更	受点 ①鋼管柱　②コンクリート柱 ③本柱　⑤木造　⑥鉄筋 ⑦鉄骨　⑨他
14	5 m　12 m　有・無	

○工事関連情報

受点工事予定日	引込線工事希望日	計器出入庫予定事務所	計器工事予定日
05月25日 午前午後	05月26日 午前午後		月　　日
引込柱変更・受点変更・臨時引込流用 特記事項			
臨時契約がある場合		電柱No.	廃止日
お客さま番号			
－　　　－		－	/

付表 5　中部電力の電灯申込用紙記入例

電気使用申込書（電灯）兼しゅん工調査表

工事種別	新設	種変	増設	減設	設変	その他（　　　）
申込日	20・5・10		受電希望日	20・5・25		

住所
　長野市弥生町1-1-1
　　　　　　　　　　　　TEL　0567-9876
工事店名（代表者）
　　△△○電気工事店
　　　　　　　　　　担当者名

受付 No	
工事店コード No	
業者登録	

お客さま番号						日程		フリガナ おなまえ	○○△ マルコ
営業所	住所コード	区（画）	住居	枝	識別				○○△　丸子

おところ	松本	市区郡	城下	町村	1丁目字	1番地	団地アパート	棟号室

目標		TEL		業種	住宅

お客さま番号（同一需要場所他契約・既契約）								
変圧器	圧柱	6 0 A 2 0 2				計器No	
	引込柱	6 0 A 2 0 1					

新供給方式	単2・単3・100 V・200 V
既設引込線	DV2　DV3　　mm　　m
計器位置	屋内・屋外（表・裏）

停電通知先 〒
フリガナ
おなまえ
おところ

料金支払先（口座振替・四連式振込）
〒
おところ
　　　　同　上

契約種別	定額	従量	公衆街路灯	時間帯別	3時間帯別	沸増型	農事用附則	契約方法								ブレーカーの仕様				
	A B ○C A B							SB	主開閉器	負荷設備（回路）	旧	kVA A VA	新	6	kVA A VA	定格電流	定格電圧	製造者	製造No・型式
																A	V		

全電化割引適用 可・否　　　　契約負荷設備（機種コード・用途コードは記入不要）

		外線工事	引込線工事	計器工事
設備状況		要・否	要・否	要・否
検討結果		要・否	要・否	要・否

機器名・回路（用途）	機種コード	用途コード	セット	差替	容量	管数	コンベ区分	灯個数 既設 変更後	工事後小計（kVA）

要外分	内落（予定）届出日	・　・
	受電希望日	・　・
しゅん工提出日		・　・
最終受電希望日		・　・
送電日		・　・
送電区分		当社・代行
調査希望日		1. いつでもよい 2. 指定 月 日 午前 午後

合　　　　　計

最終契約容量	A	計量方式	方式

分電盤内は　・既設は黒、新増設部分は赤で記入する
　　　　　　・しゃ断器容量、電線の太さを記入する

WHM

接続箇所確認欄		宮□	配□
接地	一　括	Ω	Ω
	E付受口	Ω	Ω
		Ω	
		Ω	
絶縁	引込口	MΩ	MΩ mA
	全回路	MΩ mA	MΩ mA
	増設分	MΩ mA	MΩ mA
		mA	MΩ mA

（天候　晴・曇・雨・雪）　　上表（　）は工事者測定値を記入

深夜電気温水器	臨時契約	全撤確認	クッキングヒーター	有 ⊘無 不明
メーカー	型　式		広域運用　（営）	
			別添図面　有・無	

受付	設計	供給承諾	計器受付承諾	しゅん工受領	調査 良・否	中・保	完結審査	封印管理	破砕承認	受領	オンライン登録済

□内必要事項に記入して下さい。　　□欄は新設・変更のある場合に記入願います。

付表 6-1　関西電力の電灯申込用紙記入例その 1

低圧　電気使用申込書

関西電力株式会社　宛

電気供給約款（選択約款）を承認のうえ、
電気の使用について次のとおり申込みます。

本申込書により、お客さまから提供される個人情報の利用目的は裏面に記載しております。

申込年月日	平成　　年　　月　　日

使用場所

大阪府住田市弥生町1-2-3

アパート・マンション名　　　　　　　棟　　　　　号室
※ご使用場所とご請求先が異なる場合は、最下段の郵送先欄にご記入下さい。

TEL（　　05　）　1234 － 5678

氏名　関　西　太　郎　　　㊞

用途　住宅

お客さま番号
日程　所　　番　　号

申込区分

	電灯	電力	深夜
新規	✓	□	□
内容変更	□	□	□

申込内容

● 機器の容量は銘板記載のkVA,kW,HPをご記入下さい。
● 電気機器の容量が予測しがたい場合は、取付灯数を記入するとともに、0.5kVA以上の電気機器についてのみ、明細を下欄にご記入下さい。
● 時間帯別電灯、はぴeタイム（季節別時間帯別電灯）、低圧総合利用契約の夜間蓄熱式機器については、深夜の電気機器欄にご記入下さい。
● 主開閉器容量をご希望される場合は、定格電流値欄にご記入下さい。

電灯

申込種別
新設　増設　減設　廃止　種別変更　方式変更　その他

契約種別
- 従量電灯A
- 従量電灯B
- 公衆街路灯A・B・C
- 定額電灯
- 時間帯別電灯
- はぴeタイム（季節別時間帯別電灯）
- はぴeプラン（全電化住宅割引）
  ※オール電化のお客さまは、「はぴeプラン」を○で囲んで下さい。
- 低圧総合利用契約
  ※電灯とあわせて電力を使用する場合は、電力「電気機器」欄も必ずご記入下さい。

供給方式　単相　3線式　100/200 V

送電希望日　5月　25日
竣工予定日　6月　5日

取付灯数　電灯 21　コンセント 29

機器	容量	台数	季節
新既			夏・冬
新既			夏・冬
新既			夏・冬
新既			夏・冬
新既			夏・冬
新既			夏・冬
新既			夏・冬

	メーカー	型式	容量	台数	設置時期
厨房機器（クッキングヒーター等）					
非蓄熱式床暖房					
据付式食器洗乾燥機					
浴室乾燥機					

主開閉器の定格電流値　30 A

●特記事項

契約容量	6 kVA
受付番号	
引込（計器）工事	要・不要
外線工事	要・不要
協議結果	31・41

（裏面有）

融雪用電力のお客さまのみご記入下さい。

融雪用しゃ断時間	毎年　月　日から　　月　日まで

1. 2時間連続しゃ断：13:00～15:00
2. 1時間断しゃ断：11:00～12:00、13:00～14:00
3. 30分間断しゃ断：10:00～10:30、11:00～11:30 13:00～13:30、14:00～14:30

電力

申込種別
新設　増設　減設　休止　種別変更　その他

契約種別
- 低圧電力
- 農事用電力
- 融雪用電力

供給方式　相　線式　V

送電希望日　月　日
竣工予定日　月　日

機器（型式）	相	容量	台数	季節	蓄熱	コンデンサ
新既				夏・冬		μF
新既				夏・冬		
新既				夏・冬		
新既				夏・冬		
新既				夏・冬		
新既				夏・冬		
新既				夏・冬		

主開閉器の定格電流値　A

●特記事項

契約電力	kW
受付番号	
引込（計器）工事	要・不要
外線工事	要・不要

（裏面有）

深夜

申込種別
新設　増設　減設　休止　種別変更　その他

契約種別
- 深夜電力A・B
- 第2深夜電力

供給方式　相　線式　V

送電希望日　月　日
竣工予定日　月　日

電気温水器	メーカー	型式	容量	台数	マイコン区分	昼夜	設置時期
					マイコン・普通	5・8	
					マイコン・普通	5・8	

時間帯別電灯・季節別時間帯別電灯の場合（昼間の追い炊き・有・無）

蓄熱式床暖房	メーカー	型式	容量	台数	マイコン区分	設置時期
					マイコン・普通	
					マイコン・普通	

その他	メーカー	型式	相	容量	台数	マイコン区分	昼夜	季節	コンデンサ	設置時期
						マイコン・普通	5・8	夏・冬	μF	
						マイコン・普通	5・8	夏・冬		

●特記事項

契約電力	kW
受付番号	
引込（計器）工事	要・不要
外線工事	要・不要

（裏面有）

口座振替のお申込み

【お支払いは便利な口座振替で】

口座振替なら年間630円おトク!!

※従量電灯、時間帯別電灯、はぴeタイムまたは低圧総合利用契約のお客さまが対象となります。
●詳しくはお近くの当社営業所へお問い合わせ下さい。

口座振替申込書の郵送を　希望する □　希望しない □

郵送先

※上記の使用場所・氏名と同じ場合は記入不要　チェック □

氏名　　　　　　支払者集約を　希望する □　希望しない □

支払者集約番号

口座振替申込書（振込用紙）郵送先ご住所
〒
TEL（　　　）　－

付表 6-2 関西電力の電灯申込用紙記入例その 2

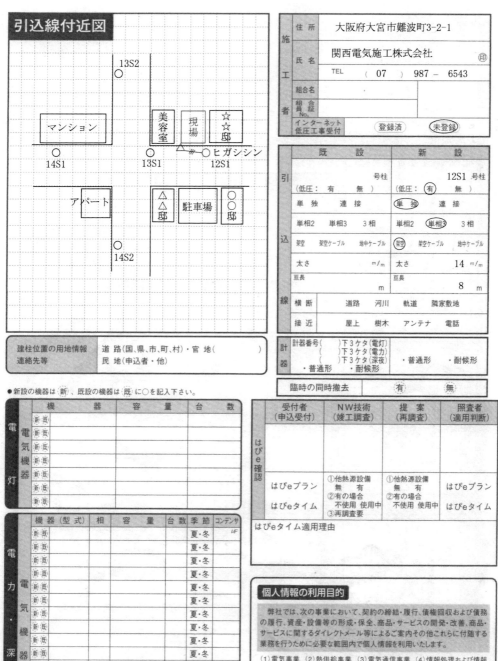

付表7　中国電力の電灯申込用紙記入例

電灯・深夜電力

電気使用申込書
(赤い太枠の中をご記入ください)

保存期間 5年

受付NO

| ご使用場所 | 〒 012-3456　広島 市区郡 弥生 町村 1丁目 2番 3号 字 番地 | 団地 マンション アパート 棟号 | 電気工事店名／届出・登録No 中国電気施工（株） |

フリガナ　チューゴク　タロウ

☎ 082（345）6789

（☎　082-0908-6789　）
（FAX 082-0908-6788　）

ご氏名　中国　太郎　㊞

ご契約番号

工事店コード
中電工・工組・協組・個別

| 注文者 | 住所氏名 | （株）西城建設　☎ 082（098）7654 | 工事名 | 使用開始 ご希望日 | 年 月 日 年 月 日 |

| 申込種別 | 新規契約 （その他） 容量変更 全 使 撤 契約変更（ ） 位置変更（引込線・計器） | 契約種別 | 定額電灯　時間帯別電灯 公衆街路灯A・B・C 季節別時間帯別電灯 従量電灯　A・B 第2季節別時間帯別電灯 臨時電灯A・B・C 深夜電力 A・B・第2 低圧高負荷契約（電灯） マイコン・5時間通電・電化住宅 | （その他） | 電灯 電力 深夜 同時申込受付NO その他項目 | 業種・用途 住宅 |

報　告　20年5月25日

調査交付　年 月 日

調　査　年 月 日／年 月 日

| お支払方法 | 銀行振込（契約・定例）新規 口座振替　継続 クレジットカード 前払・前受　追加 | お支払場所 | 支払者番号 広島市弥生町1-2-3 ☎ 082（345）6789 | 連絡先 ☎ 090（1212）3434 お客さま アパート管理者・その他 ☎（　） |

竣工・使用開始予定　年 月 日／年 月 日

使用開始　年 月 日

竣工整理

お知らせ票No.

異動内容	負荷設備（記入不要）	消費電力	入力換算容量	個数	摘　要　※電気給湯機・蓄熱暖房器の型式等は裏面に記入
新・増・減	（　）				
新・増・減	（　）				
新・増・減	（　）				
新・増・減	（　）				
新・増・減	（　）				
新・増・減	（　）				
新・増・減	（　）				

主任電気工事士氏名, 免許No.
広島太郎
第一種0123456

作業者氏名　広島太郎

| 引込柱 | ヒロシマ　幹・支・分　1000号 （目標） | ご使用期間 農事・臨時 | ・　・　から ・　・　まで カ月 ・　・　から ・　・　まで カ月 |

公衆街路灯（防犯灯）取付場所　　1.引込柱　2.お客さま柱　3.NTT専用柱　4.軒下　9.その他

関係工事　外線No. 指定日 ・・・　引込線・計器

| 既設計器 | 相 線式 製造No. V A | 既設タイムスイッチ | 極 V A | 計器取替 要 不 | 外線工事 要・不 | 供給方式 |
| 既設変圧器 | 幹支分 号 | | 利用率 kV P kVA ％ | (力) kV P kVA 利用率 ％ | 事前調査 要・不 | ○単相2線式-[100V 200V] ○単相3線式 ○3相3線式 |

付近見取図（目標）

スーパーマーケット
☆邸　○△□邸　□邸
○1003号柱　○1002号柱　○ヒロシマ幹1001号柱　←10m
アパート　駐車場　現場　☆邸

（受付担当メモ）
基準検針日

竣工調査
副長（担当長） 担当（調査員）

契約容量・電力			
	旧	増減	新
負荷設備	kVA	kVA	kVA
契約容量・電力	kVA kW	kVA kW	kVA kW
主開閉器容量	A	A	A

自家用電気工作物
主任技術者　氏名　㊞　TEL
検査予定日　検査済印
工事施工者　第1種電気工事士No.

版179　　中国電力株式会社

付表8　四国電力の電灯申込用紙記入例

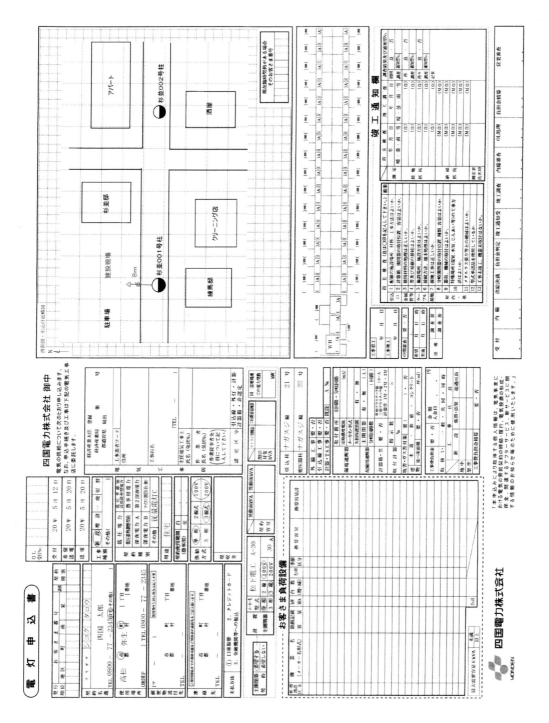

付表 9　九州電力の電灯申込用紙記入例

〔お客さま 控〕

電気ご使用申込書（従量制電灯契約）

九州電力株式会社　御中

電気の供給について次のとおり申込みます。なお
申込手続き及び工事は下記の電気工事店に委託します。

〔お客さま記入欄〕※太枠箇所をご記入ください。
ご記入いただいた個人情報の取扱いについては
お客さま控の裏面をご覧ください。

お申込年月日
20 年　5 月　10 日

ご使用場所
（〒 000 － 1111 　）
大分県佐世保市弥生町1-2-3
TEL　（　　　）

ご契約種別 （ご希望箇所に○印をお付けください）

従量電灯A	従量電灯B	従量電灯C	公衆街路灯A	公衆街路灯B（交通信号灯）
21	31	㊶	32	39

ご契約名義 （フリガナは濁点も1文字として記入し、姓と名の間は1マス空けてご記入ください）

フリガナ　オ オ イ タ △ タ ロ ウ
大分　太郎　　　　様　㊞

お申込内容 （該当箇所に○印をお付けください）

新規	種別変更	容量変更（減）	容量変更（増）	その他

料金お支払方法 （ご希望箇所に○印をお付けください）

振込票払い　送付先住所（〒 － 　）　※送付先がご使用場所と同じ場合、ご記入は不要です。
口座振替払い（申込書送付希望）　　同上　　TEL　（　　　）

送電ご希望日
20 年　5 月　25日

ご使用用途
住宅

引込諸元

引込柱 No.	供給方式 2L.3L 2P.3P	引込線亘長	引込線 1.単独 2.連接	施工区分 一般工事/ACL工事 仮設工事/先方負担工事	住宅規模	電灯容量変更時 引込線共用時の温水器契約	ACL取付要否 1.要 2.否
6 0 1 テ 3 0 1	3L	1 2 m	1	1	0 8 5 ㎡	kW	

設備内訳 （＊欄のみご記入ください）

＊機 器 名	
＊出 力	
入力 kVA	
＊灯個数 既設	
増	
減	
計	
合計 kVA	

＊エアコン
メーカー・型式
消費電力　　　　　力率
（冷）　　　W　　　　　%
（暖）　　　W　　　　　%
エアコン
メーカー・型式
消費電力　　　　　力率
（冷）　　　W　　　　　%
（暖）　　　W　　　　　%

ご契約方法 （ご希望箇所に○印をお付けください）

ACL契約　容量（　　）A・型式（　　　　）
主開閉器契約　容量（ 30 ）A・メーカー（　　　）型式（　　　）
負荷設備契約

お客さまIH情報

	有・無・不明
メーカー	
型式	

現在のご契約容量
A・kVA

既設計器諸元
V　　A　No.

電気工事店名
九電気工事（株）
電話　（1234）5678　携帯電話

〔九州電力記入欄〕

受付	年　月　日	予定	① 年 月 日（　　　）
			② 年 月 日（　　　）
			③ 年 月 日（　　　）
			（　）は変更理由を記入

ご契約容量
A
kVA

受付

付表 10　沖縄電力の電灯申込用紙記入例

【沖縄電力控】

供給申込書（電灯）

供給承諾

受付日　　年　　月　　日　　回目

受付番号

電気番号

画番号　家番号　枝 CD　店所　作業区

店所・作業区

契種
10. 定額電灯
11. 公衆灯 A
⑳ 従量電灯
21. 公衆灯 B
23. 時間帯別
24. Eeらいふ

業態　住宅

供給申込書（電灯）

一括受付　件数　総容量（kW）

※二枚目も押印してください。

（フリガナ）オキナワ　タロウ
ご契約者名　沖縄　太郎　様　㊞

電気を使用する場所　アパート名・部屋番号
沖縄県那須市浜生町1-2-3

電話　098-987-6565

□電気工事者を代理人として申込みます。右施工者の承認の上、

引込柱　ナハカン 1 2 3 A B C
引込コード

官庁コード　検針責区分　消費税コード

オール電化割引　1.有 0.無
厨房割引　1.別 2.同

5 h 容量（kW）
通電制御量（kW）6
計量形態区分

総容量（VA/W）
協定使用量（kWh）

停止方法
自家用区分　1.自家用　0.一般用
逆防 0.通 1.逆
耐候 0.通 1.耐

異動種別
⑪ 新　設　設
12. 分　割　割
14. 新設全廃　全廃
31. 合　併　併
32. 増　設　設
33. 容　変　変
34. 一　撤　撤
36. 種　変　変
62. 位　変　変
66. 雑

供給電気方式
10. 単相2線式100V
20. 単相2線式200V
㉚ 単相3線式100/200V
40. 3相3線式200V

設計　引込　負担金
1要 0.否　1要 0.否　1.有 0.無

電灯　個数
40　60　100　200　300　400　500　600　700　800　900　題

小型機器　数
50　100　200　300　400　500　600　700　800　900　題

登録届出No.
電協登録No.
電協受付月日

施工者名　沖縄電気施工有限会社
住所　那覇市名波町2-4-6
担当者（連絡先）　那覇一郎
TEL 098-123-4567
支払方法　②振込　1.振替
送電希望日　平成20 ・ 5 ・ 25

送電日　　年　　月　　日
追及日
変更日

異動日　　摘要

供給計　容量　個数
給　計

既設計器器号
配電　実施　係長　営業　調定
電　収金　入金日　種別　消費税区分　金額　印
工事負担金

主取付計器　指示数　計器番号　枝　型式　容量　電気方式　乗率　取付年月　検満年月　現収金率　損失率　入金日
器外　指示数　種別　表示容量　換算容量　既設合数　増　減　合計

負荷設備

種別
表示容量
換算容量
既設合数
増
減
合計

Y1401.12.28
制改定日:2007年05月01日（第3版）1/2

計器取付または撤去を伴わない異動の場合の指示数は必ず器外欄に記入する。
消費税等相当額は再掲です。

索　引

■著者紹介

佐藤一郎（さとう・いちろう）
　　昭和33年　東京電機大学電気工学科卒業
　　　　元　青年海外協力隊事務局技術顧問
　　　　　　東京電子専門学校工業専門課程電気工学科・電気工事科非常勤講師
　　　　著　書　「屋内配線と構内電気設備配線の配線図マスター」
　　　　　　　「第一種電気工事士複線図の書き方」
　　　　　　　「第二種電気工事士技能試験スーパー読本」
　　　　　　　その他　多数

本間　勉（ほんま・つとむ）
　　昭和58年　東京電機大学電気工学科卒業
　　　　現　在　東京電子専門学校工業専門課程電気工学科・電気工事科専任講師
　　　　　　　第一種・第二種電気工事士試験実技講習会での実技指導

黒澤　浩（くろさわ・ひろし）
　　　　現　在　黒沢電気工事有限会社　代表取締役
　　　　　　　東京電子専門学校工業専門課程電気工学科・電気工事科非常勤講師
　　　　　　　海上自衛隊，専門学校にて第一種，第二種電気工事士実技講習および
　　　　　　　国家試験対策の講師

図解　屋内配線図の設計と製作

2009 年 7 月 1 日　初版発行　　　　定価はカバーに表示してあります
2022 年 12 月 1 日　5 版発行

　　　　　　　　　　　　　　　　佐　　藤　　一　　郎
　　　Ⓒ　著 者　本　　間　　　　勉
　　　　　　　　　　　　　　　　黒　　澤　　　　浩

　　　　　　　　　　　　発行者　小　　林　　大　　作

　著者承認　　　　　　発行所　日 本 工 業 出 版 株 式 会 社
　検印省略　　　　　〒113-8610　東京都文京区本駒込 6 - 3 - 26
　　　　　　　　　　　　　　　　TEL　（03）3944-1181　（代）
　　　　　　　　　　　　　　　　FAX　（03）3944-6829
　　　　　　　　　　　　　　　　URL　https://www.nikko-pb.co.jp/
Printed in Japan

　分類　電気　　　　　　　落丁・乱丁本はお取替えいたします

ISBN978-4-8190-3416-6